轻松收纳

空间柜体设计全书

漂亮家居编辑部　编著

江苏凤凰科学技术出版社·南京

江苏省版权局著作权合同登记 图字: 10-2022-366

图书在版编目（CIP）数据

轻松收纳 ：空间柜体设计全书 / 漂亮家居编辑部
编著. — 南京 ：江苏凤凰科学技术出版社，2023.12
ISBN 978-7-5713-3865-7

Ⅰ. ①轻… Ⅱ. ①漂… Ⅲ. ①住宅－箱柜－室内装饰
设计 Ⅳ. ①TU241.04

中国国家版本馆CIP数据核字(2023)第218907号

轻松收纳 空间柜体设计全书

编 著	漂亮家居编辑部	
项 目 策 划	凤凰空间/徐 磊 王延珍	
责 任 编 辑	赵 研 刘屹立	
特 约 编 辑	闫 丽	

出 版 发 行	江苏凤凰科学技术出版社
出版社地址	南京市湖南路1号A楼，邮编：210009
出版社网址	http://www.pspress.cn
总 经 销	天津凤凰空间文化传媒有限公司
总经销网址	http://www.ifengspace.cn
印 刷	北京博海升彩色印刷有限公司

开 本	710 mm×1 000 mm 1 / 16
印 张	12.5
字 数	150 000
版 次	2023年12月第1版
印 次	2023年12月第1次印刷

标 准 书 号	ISBN 978-7-5713-3865-7
定 价	78.00元

收纳是很多业主在装修时很担心也很在意的事情。

有的人装修时想省钱，买了现成的鞋柜，后来发现根本不够用，只好再买一组鞋柜，这样原本不够大的空间就变得更小了。也有的人虽然买的房子不算小，但因为摆放了太多柜子，反而使空间显得小了。

因此，无论房子大小，柜体的规划位置、尺寸，以及搭配什么样的五金，都是影响空间收纳是否好用和能否收纳更多物品的关键。本书整合了空间规划和柜体设计两方面的要点，搜集了超过210个从玄关、客厅、餐厨区、卧室到卫生间及其他空间的收纳柜设计案例，根据物品摆放位置，规划一次到位的收纳，并深入剖析柜体的形式、尺寸、材质和五金配件。配图中标示出了较为重要的五金和设计细节，便于阅读，让读者快速看懂。

另外，根据作者所做的市场调查，鞋子、图书、小家电、衣服这四类物件的收纳会让许多业主在装修时感到困扰。针对这些问题，本书选用了很多相关案例，并可以从中看到许多设计师的巧思。例如在鞋柜柜门做可直接挂高跟鞋的设计，以便充分利用空间。有的业主不知道需要换洗的衣服该怎么收纳，设计师便据此打造了可以放置脏衣篓的柜体。还有的设计师利用夹缝空间的设计思路，设计了可以侧拉出来的鞋柜，满足业主收纳大量鞋子的需求。

当然，如果空间足够的话，也可以规划完整的鞋帽间。比如有设计师用滑轨打造了一个双层鞋柜，有15 cm、30 cm两种层架高度，满足了女主人各式鞋子的收纳需求。另外，有的设计师非常善于利用空间，将衣柜隐藏在床头内，利用上下分层来收纳不同衣物，效果很惊艳。对于小家电的收纳问题，除了嵌入式设计，也可以采用上掀式柜门搭配搁板的方式，

平常不用的时候，柜门关起来就能将收纳的物品隐藏起来，让空间看起来简洁有序。或者也可以规划一道独特造型的拉门（比如树形），推开就能把凌乱的小家电挡住，也是一种实用又美观的做法。

　　更多详细的收纳规划设计，都在书中，欢迎你来阅读，希望你能找到满意且适合自己家的收纳设计。

漂亮家居编辑部

2021 年 4 月

本书所用案例设计单位

北欧建筑（CONCEPT）	虫点子创意设计
ST design studio	构设计
木介空间设计	质觉制作
非关设计	筑乐居设计
方构制作空间设计	馥阁设计（FUGE）集团
甘纳空间设计	福研设计
合砌设计	演拓空间设计
日和设计	摩登雅舍室内装修
禾光室内装修设计	尚展设计
拾隅空间设计	逸乔设计
相即设计	光合作用设计
权释设计	力口建筑
尚艺设计	奇逸空间设计
尧丞希设计	禾光室内装修设计
尔声空间设计	

目录

第一章　了解收纳的形式

一、隐藏式收纳设计

8　　　设计关键提示

二、陈列式收纳设计

14　　　设计关键提示

第二章　玄关

一、鞋子各式各样，怎么设计鞋柜能收纳更多？

20　　　设计关键提示

22　　　12 个精彩的鞋柜设计

二、雨伞、安全头盔十分难收，有办法既隐藏起来，又方便拿取吗？

32　　　设计关键提示

34　　　7 个精彩的伞与安全头盔收纳设计

第三章　客厅

一、影音、游戏机等设备较多，电视柜该如何设计才能整齐？

38　　　设计关键提示

40　　　13 个精彩的电视柜设计

二、旅行纪念品、收藏品有哪些展示的方式？

50　　　设计关键提示

52　　　20 个精彩的展示柜设计

第四章　餐厅与厨房

一、餐具、杯子放在厨房拿取不便，如何设计餐边柜才好拿？

64　　设计关键提示

66　　9 个精彩的餐边柜设计

二、厨房小电器放在台面有些凌乱，橱柜能将它们隐藏起来吗？

72　　设计关键提示

74　　11 个精彩的电器柜设计

三、酒柜要如何设计才能融入空间，不会看起来凌乱？

82　　设计关键提示

84　　7 个精彩的酒柜设计

第五章　书房与阅读空间

一、有很多图书，书柜要如何设计才能更整齐、收纳东西更多？

88　　设计关键提示

90　　22 个精彩的书柜设计

二、打印机、扫描仪、杂乱的电线，要怎么藏起来？

106　　设计关键提示

108　　9 个精彩的设备线路收纳设计

第六章　卧室

一、衣服有的要平放、有的要悬挂，衣柜如何规划才能更好用？

114　　设计关键提示

116　　24 个精彩的衣柜设计

二、护肤品放在桌面上不好看，如何设计才能好拿又不乱？

134　　设计关键提示

136   8 个精彩的梳妆柜设计

三、棉被和大小不一的行李箱，可以有哪些收纳形式？

140   设计关键提示

142   8 个精彩的行李箱、棉被收纳设计

四、包包、配饰放进柜子里很难找，要如何收纳才能整齐又方便？

148   设计关键提示

150   7 个精彩的包包、配饰收纳设计

五、如何设计才能方便小朋友自己拿取玩具？

154   设计关键提示

156   10 个精彩的玩具柜设计

第七章　卫生间

一、盥洗用品有更好的收纳方法吗？

164   设计关键提示

166   10 个精彩的盥洗区设计

二、毛巾、卫生纸、垃圾桶，怎么放才能使用方便又美观？

172   设计关键提示

174   17 个精彩的卫浴用品收纳设计

第八章　其他空间

不喜欢收纳东西，可以设计一间完美的储藏室吗？

186   设计关键提示

188   16 个精彩的储藏空间设计

第一章　了解收纳的形式

一、隐藏式收纳设计

图片提供：馥阁设计（FUGE）集团

| 提示 1 |

何谓隐藏式收纳设计？

家居空间住久了，物品往往越来越多，常出现杂物乱堆的情况。为避免空间杂乱，可以通过隐藏式收纳设计提升空间的收纳功能，帮助业主维持井然有序的家居生活。

隐藏式收纳设计，顾名思义，就是将收纳柜隐藏于无形的设计，在维持大容量收纳功能的同时，利用简约、轻盈且便于搭配的柜门，削弱大型柜体带来的沉重视觉感，对于面积较小的户型来说非常实用。隐藏式收纳设计在规划时需要考量收纳设计的基本原则，除空间格局、物品类型、收纳习惯和收纳便利性等因素外，还需要考虑隐形把手是否方便好用，由以上这些条件来判断自己的家是否真的适合隐藏式收纳设计。

隐藏式收纳设计的优点

优点 1：收纳容量倍增

由于收纳柜使用了隐形把手的设计，因此模糊了柜门的界线，进而能创造各种方向的开门设计。比如下图，在有高度差的地面运用掀板设计，让地板化身为柜门，柜门下隐藏着大量的收纳空间。这一设计巧妙地利用了柜体的厚度，辅以隐形把手，并整合榻榻米功能，将柜体伪装成墙面，即使空间里满是收纳柜，也不会有局促、沉重之感。

图片提供：虫点子创意设计

图片提供：构设计

优点2：提高生活空间安全性

　　有孩子的家庭，需要特别关注空间规划的安全性。除了常见的无高度差地面、转角处的圆角收边等可以保护孩子的活动安全外，平整、无把手的柜体立面也可以避免孩子碰撞受伤。如上图，转角处设计成圆角，除保障家居生活安全外，还能通过隐藏式柜门设计满足收纳功能。

优点3：节省五金配件预算

　　目前收纳柜的柜门设计主要有配件把手和隐形把手两种类型，选择什么样的把手，不仅关乎使用感受，而且影响柜体美观，需要根据空间的风格和业主平时的使用习惯进行选择。隐藏式收纳设计不必额外搭配五金把手，这一优势可令其配件总数相对减少一些，进而减少相应预算。

图片提供：构设计

隐藏式收纳设计的注意事项

注意事项 1：慎选柜门材质

　　由于柜门做了隐形把手，为了打开柜体，柜门的某处会被频繁触碰，因此可能出现相比于周围稍显褪色的使用痕迹。建议挑选便于清洁的柜门材质，尽量延缓褪色的出现。尤其在容易产生油污的厨房，烹饪时可能会用油腻的手打开柜门，那么柜门最好能挑选抗污能力强的板材，以便保养。

注意事项 2：把关五金质量

　　隐藏在柜体内部看似不重要的五金配件其实与柜体开合的流畅程度及耐用程度息息相关。比如弹压式开关的弹簧、抽屉缓冲的滑轨等，如果质量不佳或者安装数量不够的话，不仅会降低收纳效率，还容易造成柜体变形的问题，导致柜门、抽屉无法顺利开启。

图片提供：合砌设计

图片提供：观堂设计（FUGE）集团

11

图片提供：水相创意设计

注意事项 3：留意开门方向

　　打开柜体的方式多种多样，除了常见的侧开式柜门，上掀式柜门、推拉式柜门、抽屉式设计也很常见，通常以柜体的位置、大小以及收纳物品类型等因素为依据，考虑选用哪种方式。大型吊柜可以采用上掀式柜门，使用更为便利；榻榻米下方的收纳空间则可以选择上掀式柜门或抽屉式设计。

| 提示 4 |

隐藏式收纳设计中的把手设计
设计 1：留缝式设计

　　这种类型是目前较为常见且简易的开门方式之一。具体做法是，柜门之间预留可供手指伸入的宽度，通过手指抠住柜门边缘的方式打开。通常需要兼顾隐形设计的视觉效果，留缝宽度在 2 ~ 2.5 cm 之间。介意开门舒适性的业主，可与设计师沟通调整留缝宽度或改用其他开门方式。

图片提供：合砌设计

设计 2: 按压式设计

按压式柜门的零缝隙外观让其仿佛完全隐藏于墙面中，给人时尚大方的感觉。即使大型柜体也不必因担心按压力度不足而只限于用手操作，手肘或身体其他部位都能顺利打开柜门。需要特别注意的是，按压式设计的弹簧关乎开关流畅度，若品质不佳，将造成开启不便或出现反弹关不上的现象，故障率较高。

设计 3: 镂空式设计

镂空式设计类似于留缝的方式，将镂空部分打造成具备把手功能的样式，推荐对把手造型有要求又喜欢隐藏式收纳设计的业主使用。此外，镂空式设计除了造型变化多，还具有可兼顾通风的优势，非常适合应用于鞋柜，帮助鞋柜内外空气流通。

图片提供：尧丞希设计

图片提供：木介空间设计

二、陈列式收纳设计

图片提供：构设计

图片提供：木介空间设计

| 提示 1 |

何谓陈列式收纳设计？

现今大多数人仍然喜欢在家中用柜子收纳物品，这样的处理方式虽然外观整洁干净，却让家居空间少了一些趣味。近年来，越来越多的住宅空间引入商业空间的陈设概念，收纳不再只是把东西收起来、眼不见为净，还可以通过不同的空间设计与展示手法，将业主的个人收藏品及生活用品等以全新的方式展示于家居空间中，成为一种生活美学与个人品位的展现。

| 提示 2 |

陈列式收纳设计的优点

优点 1：突破惯有形式，让书成为陈列主角

图书的传统收纳方式不外乎用书柜、层板让书一本本排队站好，但这种方式往往让书柜成为家中常被忽略的背景。通过学习书店的商业空间陈设理念，可利用创意手法突破图书惯有的收纳形式，用不一样的摆放角度与呈现方式让书成为家居中的陈列主角。

图片提供：尔声空间设计

优点 2：用吊挂衣物的方式打造与服装店一样的效果

　　以前，家中的衣物通常会被叠起来收入衣柜中，封闭的收纳方式既无法通风，也不便于寻找衣物。不妨参考服装店的陈设手法，在衣帽间采用直接吊挂与平放的方式，不仅拿取方便，而且通过适当的按颜色分类归纳，能打造兼具美观性与功能性的展示空间。

图片提供：甘纳空间设计

优点 3：善用橱柜，兼具陈设与使用功能

　　食材与器皿的展示美学不是单纯的收纳，而是有着许多有趣的呈现方式。善用橱柜，可突破传统的平铺或堆叠形式，让陈列品与人产生互动，在提升整体视觉效果的同时，更提高了轻松拿取与收藏的功能性。

图片提供：木介空间设计

陈列式收纳设计的注意事项

注意事项 1：柜体深度需配合物品尺寸

复合式柜体中开放柜格的深度有时会超过 50 cm，但摆放图书时会多出一块空间。对于这种情况，建议设计柜体时先考虑好要在柜体中放置哪些物品。如果是图书，深度一般 35 cm 就已够用。想要更具有生活感的话，可以将图书横向堆叠，柜格处做书挡设计。总之，可通过不同的陈列方式增加变化感。

注意事项 2：根据色系进行分类，让收纳更有秩序

家中的衣物若也想以服装店开放式陈列的吊挂方式呈现，建议根据色系进行分类。这样不仅可以让衣物分类一目了然，还能使外观更有秩序、更整齐。另外，也可以挑选好看的衣架来吊挂衣物，这样整体就可以达到一致的效果。

图片提供：合砌设计

图片提供：木介空间设计

注意事项 3：层板与墙面的接合

　　金属层板通常可以使用预埋支架或钻孔等方式固定，达到与墙面接合不外露螺钉的完美收边效果。但注意要固定于实墙结构上，避免承重产生问题。假如使用木板作为层板，建议两侧用金属配件强化结构支撑性能。另外，层板跨距若超过 60 cm，应使用厚度超过 18 mm 的板材，避免日后变形。

| 提示 4 |

陈列式收纳设计的设计形式
设计形式 1：层架式收纳

　　近年来陈列式收纳设计经常会使用金属层架，因为它的层板简约利落，还可利用金属框架做出各种造型变化，比如块状分割。相对于木质层架，金属层架显得更为轻盈、简洁，且具有较好的承重性能。金属层架常被规划为悬空形式，视觉通透效果比较好。

图片提供：合风苍飞

设计形式 2：洞洞板收纳

　　洞洞板这几年成为炙手可热的陈列布置形式，可以说是家居装修的流行趋势之一。先来看洞洞板的材质，很多人会选择木材质，因其自然温润的风格与柜体、柜门都能融合。此外还有金属材质的洞洞板，其中铁制洞洞板具有磁吸功能。除了直接将洞洞板与墙面结合，还可以将柜门直接做出镂空造型，既可收纳，又能让柜体通风。还有一种将拉门与洞洞板进行整合的两用设计，可以提升空间利用效率。洞洞板之所以深受大众欢迎，是因为其多元的收纳方式，可搭配挂钩、层架、层板等众多配件，吊挂如帽子、饰品、雨伞、文具等用品，美观又整齐。

图片提供：木本空间设计

图片提供：甘纳空间设计

设计形式 3：开放式格柜

　　利用住宅的畸零空间打造开放式格柜也是一种陈列式收纳的设计形式。格柜的优点是可以降低空间的压迫感，且有强大的收纳功能。如果担心柜体全部采用开放的形式会显得凌乱，也可以局部穿插抽屉、柜门、收纳盒等搭配使用，可以让柜体有更加灵活的变化。

图片提供：合砌设计

第二章　玄关

一、鞋子各式各样，怎么设计鞋柜能收纳更多？

设计
关键提示

图片提供：摩登雅舍室内设计

将鞋柜柜门设计成百叶门，既通风，又与家居风格搭配

| 提示 1 |

深度较深的鞋柜需注意拿取便利性

鞋柜除容量大小外，是否方便拿取也很关键。尤其是深度较深的鞋柜，与其前后硬挤两双鞋，拿取都比较困难，不如采用旋转鞋架，并用上下交错的方式收纳。或者利用层板（横）、隔板（竖）等放置鞋子，拿取时不再觉得千辛万苦。

| 提示 2 |

双层滑柜兼顾分类与拿取功能

正常的鞋柜深度为 32 ~ 35 cm。若空间能留出 70 cm 的深度打造鞋柜，可以考虑采用双层滑柜的方式，兼具便于分类与拿取的优势。层板可采用活动式，方便业主视情况随意调整。

| 提示 3 |

鞋柜通风孔的位置要对称

有的鞋柜会使用百叶门，这是为了通风，但并不是有了孔隙就能实现通风的功能，还需要考虑是否存在空气对流。只有新鲜的空气从鞋柜外流入，有异味的空气及潮气才能从鞋柜内流出。因此，通风孔大多以上下对称或前后对称的方式呈现。

在空间不够宽敞的玄关，将鞋柜规划为悬空式柜体，展示区域材质选用黑色烤漆玻璃，有拉长空间景深的效果。

图片提供：相即设计

| 提示 4 |

鞋柜深度以 35 ～ 40 cm 为宜

　　根据人体工程学，除了超大号鞋，一般鞋的长度不会超过 30 cm，因此鞋柜深度一般为 35 ～ 40 cm，在此尺寸下，大号鞋子也能收纳好。如果要考虑将鞋盒放到鞋柜中，则需要 38 ～ 40 cm 的深度。如果还要再摆放高尔夫球球具、吸尘器等物品，深度就必须在 40 cm 以上才足够使用。

| 提示 5 |

层间距根据鞋高进行弹性调整

　　鞋柜高度通常为每层 15 cm 左右，但为了适应男女鞋的高度差，建议在设计时，让搁板可以根据鞋子高度调整层间距，摆放时可将男女鞋分层放置。

| 提示 6 |

千万不要出现只能放半双鞋的空间

　　鞋柜内鞋子的摆放方式有直插、平放、斜摆等，不同的摆放方式所对应的鞋柜深度与高度都有所不同。鞋柜的长度以一层能放 2 ～ 3 双鞋为宜，千万不要出现只能放半双鞋（也就是一只鞋）的空间，这样的设计是比较糟糕的设计。

| 提示 7 |

斜板搭配横杆适合高跟鞋爱好者

　　如果高跟鞋比较多，在鞋柜内可以用斜板搭配不锈钢横杆的方式挂着摆放。这种方式的优点是能一目了然地看到鞋子的样式，容易挑选要穿的鞋子；缺点是占空间，放的鞋子数量会减少。在决定采用这种设计方式前，务必对其优缺点考虑清楚。

| 提示 8 |

层高要比鞋子高一点才好拿

　　除高跟鞋，一般鞋子的平均高度通常不超过 15 cm。因此一层收纳空间的平均高度大约 20 cm，比鞋子高一个拳头左右的高度，比较适合拿取动作。

| 提示 9 |

悬空设计有助于透气、通风

　　鞋柜下方做悬空设计，可放置进出门时换脱的鞋子，先让鞋子透透气，等味道散去再放进鞋柜。下雨天的湿鞋子也可暂放在此，平时则可摆放拖鞋，方便回家后穿脱。而鞋柜悬空的高度建议以离地 25 cm 为佳。

12个精彩的鞋柜设计

图片提供：馥阁设计（FUGE）集团

功能强

案例 01

柜门内侧挂杆收纳高跟鞋

业主需求▶女主人的鞋子有很多，且都会保留鞋盒，希望能一起放进鞋柜里。

格局分析▶玄关空间尺寸足够，可打造为自成一格的半独立空间。

柜体规划▶利用玄关转至客厅的区域规划 L 形墙柜。由于需要置入壁炉，因此柜体深度达 60 cm，并在顶端预留了透气孔。

收纳技巧▶在柜门内侧设计挂杆，可直接悬挂多双高跟鞋。柜体内部层板部分收纳其他类型的鞋子，每层至少能放 2 ~ 4 个鞋盒。出门前需要穿搭时，可以将鞋子放在第一层平台进行挑选。

柜门内可悬挂高跟鞋

图片提供：馥阁设计（FUGE）集团

超能收

案例 02
旋转鞋架收纳
更多，更好拿

业主需求▶业主一家三口的鞋子数量很多，希望鞋柜的容量越大越好。

格局分析▶玄关呈长方形结构，空间尺寸适中。

柜体规划▶沿着墙面规划 L 形柜体，一侧采用落地形式，另一侧采用悬空形式。柜体立面用白色板材料铺设，符合业主想要的简单、干净的风格。

收纳技巧▶进门左侧鞋柜内配置了 360°旋转鞋架，让拿取鞋子更为便利，同时在吊顶上增设了升降柜，用来收纳行李箱。

吊顶上的升降柜增加了储物功能

鞋架后方用滑门隐藏电表箱，方便日后维修

图片提供：馥阁设计（FUGE）集团

图片提供：馥阁设计（FUGE）集团

每层高约 15 cm，适合收纳平底鞋

电视机背后的层板间距较大，可收纳长靴，高度可以根据鞋子的尺寸进行微调

图片提供：力口建筑

收更多

案例 03
长靴、短靴和平底鞋全都能收纳进来

业主需求▶业主是一对母女，她们的鞋子加起来将近有 200 双。

格局分析▶一进门就是客厅，没有可规划为玄关的空间。

柜体规划▶电视柜中隐藏着存放鞋子的空间，电视机背后的柜体打开后共有 4 个立面可供收纳鞋子。

收纳技巧▶以活动层板来划分鞋柜空间，可根据鞋子种类改变层板间距。

图片提供：力口建筑

上下都有透气孔，有助于减少异味

柜门边缘以45°角斜切，柜门外无把手设计，柜门关闭后与柜体十分贴合。也很容易打开

图片提供：福研设计

 多用途

案例 04
鞋柜同时也是小型储物区

业主需求▶ 希望鞋柜能兼具其他功能，并让空间看起来干净利落。

格局分析▶ 一进入户门就是客厅，收纳柜应倚墙打造，避免空间显得有压迫感。

柜体规划▶ 将鞋柜、电视柜、书柜等整合成多功能柜体，下方的悬空式设计使其更显通透、轻巧。

收纳技巧▶ 右侧搁板间距较大，可收纳高度较高的杂物（如安全头盔或冬天的长靴）。

图片提供：福研设计

案例 05

360°旋转鞋架扩增收纳容量

上层搁板可收纳电动车安全头盔

业主需求▶家庭成员中有 4 位女性，希望能在原鞋柜之外打造更多的鞋子收纳空间。

格局分析▶玄关左侧为原鞋柜，在端景处打造一个新的柜体作屏风，并让右侧成为新增加的鞋子收纳区。

柜体规划▶与宠物猫的猫砂盆和宠物用品柜巧妙结合起来，表面利用木皮贴饰打造统一的视觉效果。

收纳技巧▶柜体有 45 cm 深，采用可 360°旋转的金属鞋架，并采用上下交错的方式收纳，好收好拿。

图片提供：贺喜尚设计（FUGE）集团

案例 06

兼具美观与功能的实用绷布鞋柜

绷布可以透气通风

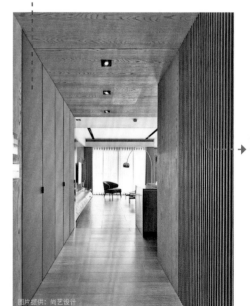

暗藏衣帽间

业主需求▶希望鞋柜不要采用密闭的收纳方式，要能通风，避免产生异味。

格局分析▶玄关柜与客餐厅电视墙位于同一侧，需要完美融入全屋风格且具备透气功能。

柜体规划▶金属框架搭配灰色尼龙绷布的柜门设计，令柜体具备通风透气、硬挺美观且便于清洁等优点，让人一回家就能看到静谧轻松的画面。

收纳技巧▶玄关左侧为一整面以绷布为柜门的柜体，右侧实木格栅则暗藏步入式衣帽间，方便业主拎着大包小包回家时，随动线轻松收纳外出衣物。

图片提供：尚艺设计

收更多

案例 07
双层滑柜容量增至 1.5 倍

业主需求▸夫妻俩共有 200 多双鞋子。

格局分析▸旧房改造时重新调整了格局，规划出了"冂"形鞋子收纳区。

柜体规划▸鞋柜深度达 70 cm，运用滑轨打造双层滑动柜体，收纳量增至 1.5 倍（外层柜体宽度是内层柜体的一半）。

收纳技巧▸女主人的鞋子以高筒靴为主，采用可调整的搁板，视收纳鞋子的情况调节高度，最高可调整为 30 cm。

图片提供：相即设计

搁板间的层高可根据鞋子种类调整，最高为 30 cm

图片提供：相即设计

运用滑轨打造双层鞋柜，移动收纳更方便

图片提供◎尚艺设计

超隐形

案例 08
横梁下方空间打造墙柜进行收纳

业主需求▶因工作需求，业主有大量鞋子需要收纳，但不希望视野内有太多柜体。

格局分析▶结合房屋结构进行设计，将沙发右侧横梁下方的空间规划为墙柜。

柜体规划▶将 354 cm×230 cm×39 cm 的空间打造成整面墙柜，增加收纳容量，且外观利落。

收纳技巧▶柜体使用的活动层板是由木芯板外贴纤维水泥板构成的，即使放再多鞋子，也依然能稳固支撑。

层板厚达 1.8 cm，支撑力强

图片提供◎尚艺设计

案例 09
兼具屏风与多种收纳功能

业主需求▶玄关处的收纳空间不足。

格局分析▶在靠近客厅的位置打造独立鞋柜，自然光从柜体两侧可以照到玄关。

柜体规划▶柜体具有多元的收纳形式，可补充玄关的收纳容量，且兼具屏风功能，可界定内外区域。

收纳技巧▶柜体部分区域设置为半透光形式，柜门里可收纳鞋子，柜门上的小吊杆可悬挂雨伞，开放式层板上方可悬挂衣物，层板及中间镂空区域则可展示植物、摆件等。

鞋柜可充当屏风，也可充当展示层架

图片提供：尧透希设计

案例 10
双层鞋柜收纳上百双鞋子也没问题

业主需求▶全家人的鞋子数量非常多，包括长靴、短靴、拖鞋等，另外还想收纳长短雨伞。

格局分析▶房子的梁柱都很宽大，玄关处还有电表箱。

柜体规划▶从柱体两侧延伸出鞋柜与储藏室，不仅增加了收纳容量，还修饰了梁柱。

收纳技巧▶柜体深度达 80 cm，因此可划分为内外双层，增加收纳容量。格栅拉门可达到透气效果。

深度 80 cm 的柜体可规划双层鞋柜

格栅可以帮助通风透气

图片提供：尧

好拿取

案例 11
方便收纳与拿取的
侧拉式鞋柜

业主需求▶希望在玄关处集中规划收纳量充足且好整理的鞋柜。

格局分析▶入户门至客浴门之间的区域比较方便设置鞋柜。

柜体规划▶鞋柜与客浴门所在平面拉齐，利用真假沟缝达到将门巧妙隐藏起来的效果。鞋柜区局部深度可达 60 cm，因此采用侧拉式设计。

收纳技巧▶侧拉式柜体共有 6 层，每层可放置 3 双鞋子，拉出时一目了然，方便挑选，解决了因柜体过深而导致的收纳、拿取不便的问题。

侧拉式鞋柜有 6 层，可收纳大量鞋子

图片提供：光合作用设计

图片提供：光合作用设计

多功能

案例 12
鞋柜、电器双面收纳墙

业主需求▶希望有可以轻松收纳的鞋柜，并设计方便吃火锅的餐桌。

格局分析▶玄关右侧便是厨房，两个区域空间有限，需要整合收纳设计。

柜体规划▶将鞋柜与电器柜背对着整合在一起，厚度分别是 40 cm 和 60 cm，打造出双功能墙柜。2.5 cm 厚的大理石餐桌中嵌入电磁炉，餐桌下方设计了收缩式收纳柜体。

收纳技巧▶悬空式鞋柜下方嵌入了间接照明，可用作放置拖鞋的空间，日常使用时无须频繁开关柜门。电器柜做抽拉式托盘设计，方便放置有蒸汽的电锅、蒸炉，平时可收于柜内，使用时拉出来即可。

柜体下方可放置拖鞋

图片提供：光合作用设计

鞋柜背面即电器柜

图片提供：光合作用设计

二、雨伞、安全头盔十分难收，有办法既隐藏起来，又方便拿取吗？

设计 关键提示

图片提供：观澜设计（FUGE）集团

| 提示 1 |

用防水材质打造室外雨伞收纳柜

雨伞收纳可分为室内与室外两种。室内通常收纳在鞋柜处。室外一般收纳在阳台处，可使用防水材质打造一个雨伞收纳柜，业主回家后直接将雨伞挂入其中晾干即可。

| 提示 2 |

收纳处离入户门不要太远

雨伞、安全头盔等物品的收纳处最好不要离入户门太远，这样每天进出时收放比较方便。雨伞在收纳时需注意至少等到七分干再收进柜子里，这是因为一般柜体都是用木材质打造的，潮湿的雨伞会影响柜体使用年限。

图片提供：演拓空间设计

鞋柜内的雨伞收纳设计，较为直接的方法是在距地面高度 90～100 cm 处设计一小段吊衣杆来吊挂雨伞

| 提示 3 |

多功能玄关柜，透气是关键

玄关收纳柜经常结合鞋子收纳、雨伞收纳等功能，甚至还会规划放置宠物猫的猫砂盆的空间，因此柜体内的气味是个大问题。记得规划透气孔，注意换气，并尽可能让柜体保持清爽干净。

| 提示 4 |

运用吊杆、挂钩、活动层板等收纳雨伞、雨衣

若空间足够，可在鞋柜一侧分隔出区域，设置挂长伞的吊杆及挂短伞的挂钩。还可利用活动式层板放置折叠好的雨衣和安全头盔之类的物品，活动层板可根据放置物品的尺寸来调整高度。若能再打造一个小抽屉会更好，可用来收纳鞋子的清洁护理工具等。

| 提示 5 |

可设计接水盘避免鞋柜内积水

正如提示 2 所说，鞋柜内若要收纳雨伞，需注意防潮，最好等雨伞阴干后再收纳。如果一定要将湿的雨伞直接放进柜体中，除了该区域要选用防水板材，雨伞下方还必须设计接水盘。但要注意及时倒水，避免出现卫生问题。

| 提示 6 |

利用收纳柜补充收纳量

距离入户门不远的楼道对讲机、电表箱等往往是空间中不常用、很突兀却不可避免的物品。在此区域设计收纳柜，不但能将这些设备隐藏起来，而且能增加收纳空间，并可以放置钥匙、雨伞、不常穿的鞋子等物品，以此弥补单一鞋柜收纳空间不足的问题。

| 提示 7 |

柜体内的层格再做切割

要收纳瘦长的雨伞，不妨在层格中分割出相应的空间。以此类推，在鞋柜中不要只做单一种类的层格设计，可以把雨伞收纳也考虑进去，将层格按照收纳物品的情况进行分割，整合多种收纳功能，就不用担心不好收纳的问题了。

| 提示 8 |

柜体深度 15 cm，收纳雨伞刚刚好

不论是折叠伞还是长伞，收起来体积都不大，因此可以结合墙面一起设计，规划一个深度约 15 cm（含柜门厚度）的雨伞柜，不会占用太多空间，便能将大小不一的雨伞收纳得整整齐齐。

7个精彩的伞与安全头盔收纳设计

图片提供：北欧建筑（CONCEPT）

好拿取

案例 01

大容量柜体修饰梁柱

业主需求▶女主人偶尔会在家中练舞，需要打造一个开阔场地，把生活杂物尽量隐藏起来，减少阻挡，让女主人可以尽兴跳舞。

格局分析▶空间较为宽敞，却有不少较大的梁和柱。沿着梁柱打造一整排大容量柜体，可起到整平立面、修饰梁柱的作用。

柜体规划▶进门后的收纳动线依次为玄关柜、立柜、电视柜。这些柜体可将生活杂物一并隐藏，让空间化繁为简，显得宁静简约。

收纳技巧▶玄关柜设有收纳雨伞与安全头盔的开放式层架，方便拿取使用。另外，立柜柜门内隐藏着大面积茶色穿衣镜，可沿着T形轨道拉出使用。

藏于侧边好拿取

图片提供：北欧建筑（CONCEPT）

案例 02

抽拉式设计让雨伞收纳区隐藏在墙里

业主需求▶希望雨伞有个专门的收纳区，不要散落在各个角落。

格局分析▶玄关空间较窄，不太适合单独摆放雨伞架。

柜体规划▶玄关紧邻电视墙，将柜体嵌入电视墙中，利用抽拉式设计隐藏起来，不破坏整体美感。

收纳技巧▶柜体内分别为雨伞、鞋子规划了不同样式的层柜，拿取时轻轻拉开柜体即可。

细长层格设计，刚好能让雨伞卡住

利用滑轨，柜体可轻松拉出

图片提供：登府阁室内装修

案例 03

长伞专用柜，底盘还有排水功能设计

业主需求▶大门外面不能放伞，每次下雨业主回家，都得将雨伞滴滴答答地一路拿到阳台收纳，希望有更好的解决办法。家中的伞多数都是长伞。

格局分析▶推开入户门就是客餐厅的格局，没有明确的玄关区域。

柜体规划▶利用入户门右侧墙面将鞋柜与电视墙做整合，在餐边柜旁规划一个宽度约35 cm的柜体作为收纳雨伞的空间，上方有抽屉与层架，柜子顶端设计了透气孔。

收纳技巧▶伞架下方的镀钛底盘利用排水管直接接到客浴，省去了倒水的步骤。

镀钛底盘上有内凹导水设计，让水能顺畅地往下流

图片提供：奕起设计／许义忠

案例 04
善用狭窄空间收纳雨伞

业主需求▶业主有很多雨伞，却没有相应的收纳空间，每次放完总是东倒西歪的，希望能有个地方好好收纳。

格局分析▶善用家中畸零空间收纳、储藏杂物。

柜体规划▶将靠墙处的窄柜规划为雨伞与工作梯、工具箱等物品的收纳空间，外面利用柜门设计让收纳空间更加整洁美观。

收纳技巧▶双排吊杆能双倍增加雨伞收纳量，吊杆高度也可随需求调整。

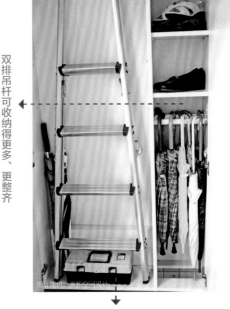

双排吊杆可收纳得更多、更整齐

图片提供：演格空间设计

可收纳工具箱、工作梯，很实用

案例 05
安全头盔也有专属收纳空间

业主需求▶业主有骑摩托车的爱好，使用的多为全罩式安全头盔。

格局分析▶室内面积 66 m²，玄关处较为独立，与墙面衔接，放大了空间感。

柜体规划▶白色柜体采用环保材质，满足卫生安全需求，也呼应了全屋的设计风格基调。

收纳技巧▶深度达 50 cm 的开放格柜让全罩式安全头盔也有了自己的收纳空间，成为玄关的一处装饰。

柜体深度达 50 cm，全罩式安全头盔也能放得下

图片提供：光合作用设计

四角安装 L 形角铁，强化了柜体悬空支撑性能

案例 06

开放式层架可随手放置物品，十分方便

图片提供：合砌设计

业主需求▶夫妻俩鞋子并不多，但外出多半会骑摩托车，因此想有一个好拿取安全头盔的收纳空间。

格局分析▶99 m²的三房格局，尽量维持原有隔间状态，不做过多调整。

柜体规划▶在玄关右侧规划一个悬空式柜体，搭配白色金属框架与带木质纹理的柜门，展现轻盈、清爽的视觉效果。

收纳技巧▶底部的开放式层架为安全头盔、包等物品提供了收纳空间，业主回家后可以随手放置，相当方便。最上方的平台则作为展示空间使用，中间的对开柜门中可收纳鞋物。

可收纳包和安全头盔

案例 07

排风口变身雨伞、帽子专属收纳区

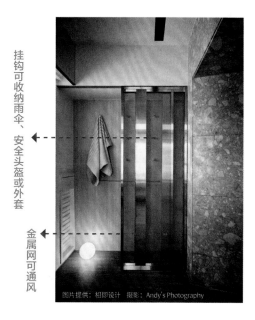

挂钩可收纳雨伞、安全头盔或外套

金属网可通风

图片提供：相即设计 摄影：Andy's Photography

业主需求▶回家后想要有随手收放雨伞和帽子的地方。

格局分析▶属于一层一户的大户型，电梯间的排风口不可被遮挡。

柜体规划▶在排风口邻近空间用金属拉门搭配金属网，规划出一个半开放式衣帽间，金属网可保证空气流通。

收纳技巧▶墙面上的不锈钢挂钩可悬挂雨伞、安全头盔或外套，外出拿取或回家收纳的动线相当顺畅。

第三章　客厅

一、影音、游戏机等设备较多，电视柜该如何设计才能整齐？

设计
关键提示

图片提供：奇逸空间设计

电视柜为兼具收纳与展示功能的双面柜，同时也是分隔空间的媒介

|提示 1 |

格栅柜门兼顾美观与实用

　　影音设备利用柜体收纳，好处是美观、不杂乱，但要解决遥控灵敏度与机体散热的问题。对此，镂空格栅是不错的柜门处理方式。如果担心影音设备沾染灰尘，可设计能收进两侧的隐藏式柜门，方便清洁，同时兼具展示的功能。

|提示 2 |

开放式层架散热效果较好

　　电视柜通常以木质材料打造，考虑到散热效果，可以在背板或侧板开孔以便通风，且内部尺寸需比设备略大一些，让设备上下左右都有透气及散热的余地。另外，使用层板会比柜体的效果更好，比如专门放影音设备的电视柜就可以使用开放式层架的方式设计，更有利于散热。

图片提供：相即设计

根据电视高度，划分出一条黑色地带收纳影音设备，呈现令人惊艳的简洁立面设计

| 提示 3 |

考虑遥控是否灵敏的问题

电视柜的设计要配合设备尺寸，需要先确定设备型号，测量尺寸后，再设计与尺寸相符的柜体。例如要将影音设备放在电视柜下方，但又不想露在外面显乱，就要考虑散热和遥控是否灵敏的问题。

| 提示 4 |

电视柜每层高度约为 20 cm

影音设备可以堆叠摆放，因此电视柜的单层层高可以设为 20 cm 左右。深度由于要预留接线空间，通常设为 50 ~ 55 cm，最低不得小于 45 cm。承重层板最好也能调整高度，以便配合不同高度的设备。方便移动的抽板设计也是收纳影音设备的方式之一，但要注意，若是特殊的音响设备，要先确定承重的重量再评估是否可用此设计。

| 提示 5 |

利用电视墙隐藏线材

利用电视墙隐藏线材，一样可以避免杂乱的外观。电视墙可以设计成旋转式的两面用隔墙，起到划分空间的作用。墙面中间还可放置影音物品，可随时拿取，赋予电视墙更多功能。

| 提示 6 |

管线不管内藏还是外露，都可以美观

想让管线不显杂乱，可设计线槽将其隐藏在里面。若将管线收在电视柜里，可将柜门选用有色玻璃为材质，以便遮蔽视线。其实并不是非要藏起来才叫收纳，如果选择好看一点的管线，并将其铺设整齐，即使外露也不会影响美观。

| 提示 7 |

电视柜宽度至少要 60 cm

虽然市面上影音设备的种类和样式非常多，但宽度和高度一般不会相差太多。电视柜中的单层高度可设置为约 20 cm，宽度多为 60 cm，深度则因需要提供器材接头、电线收纳的空间，需要留多一些，一般为 50 ~ 60 cm。若能再使用一些活动层板，市面上的大多数游戏机、影音播放器就都可以收纳了。

13个精彩的
电视柜设计

镂空处可放钥匙

图片提供：虫点子创意设计

收更多

案例 01
连接玄关、客厅，整合玄关柜、穿鞋椅、电视柜

业主需求▶业主非常好客，喜欢邀请好友来访，希望有较大的客厅与餐厅空间。

格局分析▶进门后，没有明确的玄关，可直接看到客厅，用地板颜色区分空间。

柜体规划▶整面墙柜长8m、高2m，整合了玄关柜、穿鞋椅、电视柜，下方为悬空设计，并安装了间接照明，营造视觉上的轻盈感。

收纳技巧▶玄关柜中间镂空，便于收纳钥匙等小物件，电视柜部分内部有活动层板，能自由调整高度，电视机旁的开放式层柜便于展示或拿取常用物品。

图片提供：虫点子创意设计

悬空式设计营造轻盈感

案例 02

局部穿透的电视墙显得更加简约干净

业主需求▶ 业主为高中老师，有上千本图书需要收纳，想要大一点的简约风格客厅。

格局分析▶ 原格局中，客厅后面是个书房，改造后将墙面拆掉，增加了客厅空间，新的电视墙还能修饰上方横梁。

柜体规划▶ 在客厅右侧走廊设计了一个长约5 m的书柜，电视墙上简单地贴上瓷砖，左侧设计了一个通透的高240 cm、深50 cm的层架，与后面书房的书柜深度一致。

收纳技巧▶ 层架使用了活动层板，便于随设备大小调整高度。

新设计的电视墙可修饰上方横梁

层架采用了活动层板，可随设备弹性调整高度

案例 03

整合收纳、干净清爽，还能将电视机藏起来

业主需求▶ 业主的孩子年纪还小，希望家中公共区域能远离数码产品，并拥有较大的收纳空间。

格局分析▶ 设计师从业主生活出发，拆除所有隔墙，将家居空间简化为睡眠区、互动区、收纳区等无隔断空间。

柜体规划▶ 整面收纳柜从玄关延伸至客厅，整合了鞋柜、书柜、折叠书桌、电器柜与电视柜。

收纳技巧▶ 柜体深度约40 cm，能满足所有收纳需求，并且使用推拉门设计，较柜门更易收纳，且看起来干净清爽，特别是不看电视机的时候，能将其隐藏起来，避免干扰到孩子。

推拉门设计易于收纳

图片提供：筑乐居

预留音响孔洞，内嵌设计更好看

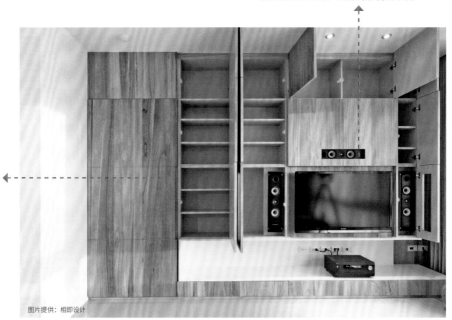

柜门外贴梧桐木皮，柜体整合收纳功能，视觉效果整齐、简洁

图片提供：相即设计

藏更好

案例 04

音响内嵌更利落

业主需求▶业主喜爱影音娱乐，需要收纳相关设备的空间。

格局分析▶客厅没有多余的打造柜体的空间。

柜体规划▶在电视机周围切割出 60 cm×15 cm 的长方形孔洞，露出音响，并将大部分影音设备收在柜体中，重低音音响则规划在电视机两侧的开放式层板中。

收纳技巧▶量身定制可收纳各式影音设备的空间，大部分设备都能在其中隐藏起来。

图片提供：相即设计

案例 05

将电视墙延伸为视听设备柜

业主需求▸业主有一些影音设备，想要给它们安排基本的收纳空间。

格局分析▸公共空间为狭长形，适合沿墙面进行收纳设计。

柜体规划▸电视墙旁还有一些空间，对其稍加利用，加上几道层板，便能打造出简单又实用的影音设备柜体。

收纳技巧▸柜体以开放式设计为主，不安装柜门，方便拿取，也有助于电器设备散热。

内侧预留插座、线路，消除凌乱感

图片提供：摩登雅舍室内装修

开放式分层规划，可让电器散热，又能保持整齐

案例 06

推拉门电视柜简约美观，寻找物品很方便

业主需求▸业主家里藏书很多，但愁于没有收纳空间，希望利用功能性强的收纳柜来解决问题。

格局分析▸客餐厅是开放式空间，大片落地窗让空间内拥有绝佳采光。

柜体规划▸电视柜推拉门主要是白色，部分选用蓝色为跳色，搭配金属框架进行装饰，打造悬浮、错位的视觉效果。

收纳技巧▸柜体内部深度约 40 cm，能满足大部分收纳需求。推拉门的平面式设计不仅方便寻找物品，而且轻轻拉上，就能让空间回归清爽。

蓝白配色简约美观

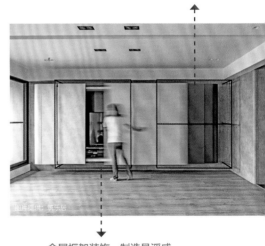

图片提供：宽月居

金属框架装饰，制造悬浮感

案例 07
用一面墙打造强大的收纳功能

业主需求▶需要有图书、家电说明书、小梯子、清洁用品等的收纳空间。

格局分析▶仅有 52.8 m² 的空间，没办法做太多柜体。

柜体规划▶利用电视墙整合所有收纳需求，甚至还可一并隐藏卧室门。最顶端的倾斜天花板处隐藏了中央空调、情景模拟设备等机器，开放式大理石纹柜体则是书柜。

收纳技巧▶电视机右侧的长方形柜体内放置了梯子、各式清洁用品等，电视机左侧的横向薄柜被设计为可放置笔记本电脑的支撑板，上方两个柜体则被分别设计为上掀式柜门和下掀式柜门，可收纳打印机、数码设备等，让这里变身为业主的移动工作站。

打开上掀式柜门、下掀式柜门，可放置打印机 ↑   ↑ 可收纳梯子、清洁用品

图片提供 谷腾设计

↓
将支撑板拉出来，可放笔记本电脑

运用优质铰链，柜门开合更顺畅

图片提供：摩登雅舍室内装修

案例 08
柜体嵌入电视墙

业主需求▶希望有充足的、专属的空间摆放影音设备。

格局分析▶客厅有大面积墙壁，可从中找出适当的空间规划影音设备收纳柜。

柜体规划▶电视墙侧面规划了直立柜体，相对细长的层格可专门用来放置影音设备，既充分利用了空间，也能与电视墙形成一体成型的效果。

收纳技巧▶柜体采用封闭式设计，以优质铰链衔接柜门，开合柜门、调整柜内设备更加顺畅。

图片提供：摩登雅舍室内装修

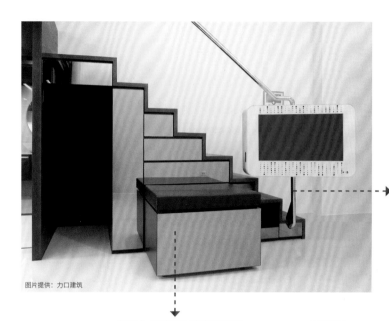

图片提供：力口建筑

影音设备的线路藏在不锈钢管内

梳妆台的椅子也藏在楼梯下

藏更好

案例 09
设备柜藏在楼梯内

业主需求▶房子面积太小，担心做了电视柜会让空间更拥挤。

格局分析▶房屋挑高 3.6 m，面积 23.1 m^2，必须打造成复合式功能空间来解决小户型的限制。

柜体规划▶将影音设备柜整合在楼梯结构内。

收纳技巧▶楼梯第二组台阶为开放式层架，可摆放影音播放器，线路则预留在台阶上的不锈钢管内，避免线材凌乱的问题。

图片提供：力口建筑

案例 10

集中收纳功能，不占空间

图片提供：庐舍池舍室内设计

业主需求▶希望面积较小的空间能同时拥有客厅、书房等多功能区域。

格局分析▶空间仅有 49.5 m²，将客厅置于空间中心，隔墙刻意倾斜，划分与餐厨区的界限。

柜体规划▶书柜和电视柜选用相同的白色和设计风格，两者连成一体，形成完整的连续立面。转角处也没有浪费，做成了收纳空间。

收纳技巧▶量身定制的书柜采用优质五金，能随时收起的掀板放下来可当作书桌使用，不占空间，这样客厅就拥有了书房的功能。

倾斜隔墙设计划分空间

案例 11

双面电视柜提升空间利用效率

图片提供：馥阁设计（FUGE）集团

业主需求▶只看想看的频道，希望能为影音设备轻松更换光盘。

格局分析▶电视柜环绕在卧室外围，整合在同一个柜体区域。

柜体规划▶电视柜与背后卧室衣柜共同使用同一木质柜体。

收纳技巧▶影音设备采用开放式收纳设计，无论使用还是更换都很方便。

电视柜背后即衣柜，柜体整合更省空间

案例 12

延伸景深与一物多用的通透立方体网格

业主需求▶业主希望用旅行中收藏的带有旅游记忆的物品来装点空间。

格局分析▶26.4 m² 的复式小户型以双层空间的概念进行上下延伸设计，扩展成 42.9 m² 的实际使用面积。

柜体规划▶将连接上下层的楼梯台阶做成可隐藏杂物的抽屉柜，并将第一级台阶延伸出来作为客厅影音设备的收纳空间。

收纳技巧▶层叠的立方体网格是用金属网格与玻璃立板打造而成的，视线可以穿透的网格具有延伸景深的效果，且网格与玻璃板可随意更换位置，方便日后收纳不同尺寸的物品。

立方体网格可作为展示区，同时也起扶手的作用

图片提供：质觉制作 Being Design

网格与玻璃板可更换位置

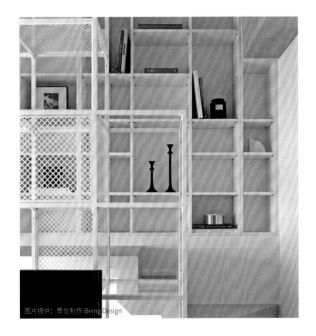

图片提供：质觉制作 Being Design

选用推拉门可让柜门平移

图片提供：相即设计　摄影：Andy's Photography

案例 13
平移柜门可将电视机隐藏起来

业主需求▶业主看电视的时间不多，平常不使用的时候希望可以将电视机隐藏起来。

格局分析▶从玄关进来就是客餐厅，柜体需要满足收纳功能需求，且要避免给人以压迫感。

柜体规划▶利用 10 m 宽的墙面规划出电视柜与鞋柜，柜体边缘的圆角设计和整个立面铺陈的胡桃木色调，营造出既温润又稳重的氛围。柜体悬空的底部铺饰了烤漆玻璃，用以产生延伸空间的视觉感。

图片提供：相即设计　摄影：Andy's Photography

收纳技巧▶电视柜选用推拉门，通过平移就能把柜门合上。柜体外观简洁利落，两个柜体之间以展示层架连接，增添了一丝变化，丰富了层次感。

二、旅行纪念品、收藏品有哪些展示的方式?

设计
关键提示

图片提供 |

| 提示 1 |

可掀式柜门随心藏起或展示收藏品

想要收纳收藏品,可利用"魔术空间"的概念,在公共空间利用可掀式柜门将心爱的收藏品隐藏或展示,以此打造充满惊喜的空间。

| 提示 2 |

浅层平台有利于小物件的展示

如果收藏的纪念品以小物件为主,过深的收藏柜不仅不易拿取,双层排列的话,前排物品还会挡住后方物品。若选用较浅的展示平台搭配可开启的玻璃门,就能轻松兼顾后期清洁与方便展示两项功能。

利用 3 种颜色衔接的柜体，宽大的柜体保证充足的展示空间，搭配活动式层板，让使用者能随时调整

图片提供：柜即设计

|提示 3|

封闭式柜体与开放式柜体交错使用，减轻压迫感

柜体板材具有统一纹理，不管封闭式柜体还是开放式柜体，外观仍能保持一致。两种柜体交错使用，不仅可以减轻大面积收纳柜体带来的视觉压迫感，还方便业主将物品随意进行展示或收纳，让家居变化出不同面貌。

|提示 4|

根据展示品性质而定

展示品可分为收藏品和日常用品两大类。如果是收藏品，不需要经常拿取，适合使用玻璃柜门以密闭可透视的展示方式收纳，这样还可以防尘，且易清洁。如果是日常用品，例如杯盘等器皿，由于会经常使用，因此建议以开放式设计进行收纳，便于拿取。

|提示 5|

高度要比展示品高一些才好拿取

可以在柜体中间设计橱窗或开放式柜格，用以展示一些物品，其他物品则收纳到柜中。柜体内部可设计层板或抽屉，以充分利用空间。无论哪种设计，单层高度都要比展示物品高 4 ~ 5 cm 才能拿取方便。若使用活动层板，两旁可多钻一些定位孔，方便变换高度。

|提示 6|

传统灯具易造成物品变质、褪色

传统灯具的温度较高、光线较强，可能会导致物品变质、褪色。建议选用 LED 光源照明，以避免这类问题。可以在柜体中设计间接照明，不但起到照明作用，还有装饰功能。

|提示 7|

玻璃柜门兼具展示与防尘功能

若担心展示品沾染灰尘或损坏，较为简便的方式就是安装玻璃柜门。目前市面上与玻璃柜门搭配的组件种类（多数为五金）较多，比如金属外框、缓冲阻尼器、五金轨道、把手、防尘边条等，可根据需求和业主喜好来选择。

|提示 8|

收藏品不一定要用柜子收纳，可以将其融入家居空间的各个角落

要收纳收藏品，需要先了解它的大小、形状以及预计的摆放位置。其实，收藏品不一定非得用柜子收纳，有的收藏品可以分散陈列，让它们融入家居空间的各个角落，例如相框就很适合和玩具、模型放在一起，这样更有生活感。另外，收藏品的摆放方式也不是只有并排摆放，还可以尝试交错摆放，打造不对称的美感。

20个精彩的展示柜设计

用进退面设计打造柜子的立体感

活动插销侧面是橡胶，既可卡住滑雪板，又可提供缓冲保护

图片提供：方构制作空间设计

好拿取 ▶ 案例 01
将冬季滑雪板挂上展示墙

业主需求 ▶业主热爱滑雪，家中需要收纳体积较大的滑雪板与其他各种雪具。

格局分析 ▶空间左右两侧都有大面积窗户，不希望柜体遮挡采光，因此在右侧设计了深度较小的展示墙，柜体则集中设计在左侧区域，以满足收纳需求。

柜体规划 ▶以入户门为中心，两侧的展示墙和柜体都使用了浅灰色，以平衡空间视觉感。其中右侧展示墙使用了活动插销，用以展示滑雪板，左侧柜体则使用进退面的设计手法，打造出立体感。

收纳技巧 ▶展示板每列间距约 27 cm，是按照滑雪板的宽度量身打造的。黑色的活动插销采用静声装置，侧面的橡胶既可以卡住滑雪板，又能提供缓冲保护。

图片提供：方构制作空间设计

案例 02
错落有致的转角展示柜

业主需求▸希望客厅能以利落的方式展现出空间特色。

格局分析▸客厅的沙发背景墙是该空间的视觉焦点。

柜体规划▸柜体的立面分割极具装饰趣味,在开放式层板之间交错设有同材质柜门的收纳柜格,打造出错落的视觉感。

收纳技巧▸通顶柜体被平均分成6层,柜体的深度与高度都可以容纳下大型图书和小型工艺品。

红色梯子为使用柜体上层空间提供方便

图片提供:奇逸空间设计

柜门采用同颜色、同材料打造,视觉感统一

案例 03
无痕工艺提升玻璃柜质感

业主需求▸业主从世界各地收集了不少马的雕塑,希望能给它们打造专属的展示空间。

格局分析▸餐厨用具已经在厨房收纳,餐厅则用来展示业主的收藏品。

柜体规划▸选用无痕的特殊工艺来黏合玻璃,打造展示格。

收纳技巧▸开放式玻璃柜由长宽比例为1:1或1:2的展示格组成,业主可在每个格子里随意放置不同尺寸或不同组合的雕塑。

透明的玻璃降低了柜体对雕塑色彩的干扰

图片提供:奇逸空间设计

钻孔金属薄柜提升精致质感

图片提供：甘纳空间设计

超美观

案例 04
不同形状的展示柜
呼应窗框造型

业主需求▶这是业主夫妻俩偶尔到访的度假屋，他们希望空间视觉感更加简洁轻松。

格局分析▶公共空间有一面落地窗，原窗框是方形，视觉效果稍显呆板。

柜体规划▶将窗框修饰成圆拱形，与圆拱形钻孔金属薄柜、房形展示柜相呼应，丰富了空间中的视觉元素。

收纳技巧▶由于度假屋的收纳需求较低，设计师采用了开放式层架搭配薄柜的方式，方便业主随手放置小物品。

图片提供：甘纳空间设计

案例 05

镂空收纳架展示收藏品

等分切割，造型更优美

业主需求▶业主需要有展示自己收藏的普洱茶和黑胶唱片的空间。

格局分析▶房子是长方形的空间，若打造封闭式柜体，会让客厅显得更窄。

柜体规划▶用金属打造收纳架的框架，中间一层则使用黑色玻璃打造双开门。

收纳技巧▶镂空式收纳架可以减轻柜体的压迫感，且开放式层架可满足业主展示各类收藏品的需求。

图片提供：相即设计

案例 06

收藏品可随时更换的展示格

玻璃门设计，可随时更换收藏品

业主需求▶业主需要既可以随时更换收藏品、又能保持干净的收纳方式。

格局分析▶原本电视墙旁边的玻璃橱窗容易积灰，且展示物品数量有限。

柜体规划▶用形状、大小不一的方格展示收藏品，并用业主喜欢的欧式画框进行装饰。

收纳技巧▶上方画框展示格使用了玻璃门设计，不仅容易保持洁净，而且可以随时更换不同的收藏品。其他的物品则收纳在下方柜体中。

图片提供：馥阁设计（FUGE）集团

案例 07
多功能墙柜，美观又实用

业主需求▶旧房翻新，业主希望打造出明亮又舒适的空间，并让楼上楼下的视觉感保持一致。

格局分析▶利用二楼过道的闲置凹墙设计了柜体，既可收纳，又可展示。

柜体规划▶柜体混合了不同尺寸的柜格，利用柜格的不同深度及有无柜门的交错式设计，营造出活泼的立体感。

收纳技巧▶柜格的最小深度为 35 cm，便于收纳图书，而深度为 45 cm 或 60 cm 的柜格则可存放杂物。其余空间则可自由安排，即使空着也很好看。

较浅的深度适合摆书或小型装饰品

图片提供：奇逸空间设计

案例 08
白色烤漆金属架，随意摆放都能体现生活感

业主需求▶预算有限，但业主希望做出的设计能兼具展示收藏品与收纳图书的功能。

格局分析▶公共空间是长方形结构，从玄关到电视墙的跨距较大。

柜体规划▶为兼顾预算与美观，电视墙利用木制柜体搭配金属收纳架做出对比效果，其中金属收纳架选用玻璃层板，以突显其轻盈感。

收纳技巧▶用规律的正方形分割出不同的比例，在其中较大一格的墙面上悬挂画作，白色烤漆的金属框架如画框一般营造出立体层次感，并且可搭配的物品也更加多元。

用规律的正方形分割出不同的比例，增加变化感

图片提供：水乇空间设计

白色烤漆金属框架，显得清爽利落

金属框架显得轻薄，且具有高承重性　　　拱门、镂空层格可打造通透的引光效果

图片提供：甘纳空间设计

多功能

案例 09
拱门金属转角柜，
保持室内采光

业主需求▶业主拥有众多收藏品（包括很多餐具），希望能展示出来，并融入室内空间。

格局分析▶住宅只有单面采光，如果用隔墙将卧室包围起来，餐厅就会显得阴暗闭塞。

柜体规划▶用金属框架代替隔墙包围卧室，并在其中打造出一扇拱门，各层层板向外延伸出来，增加收纳量。整体呈 L 形的白色镂空柜体巧妙地引光入室，保证了室内的采光。

收纳技巧▶基于金属框架轻薄、高承重的特点，穿插了镂空设计，以使柜体保持轻盈感。而充足的层板则可让女主人充分发挥想象力，打造一面专属的端景墙。

图片提供：甘纳空间设计

多功能

案例 10

120°一体转角开放式柜体可扩大空间视觉感

业主需求▶ 3 位业主共享这间房屋，除了要有充足的收纳空间，更要有开阔的视野，以减轻空间压迫感。

格局分析▶ 75.9 m² 的老房子空间有限，且层高较低，需要用设计弥补这些不足。

柜体规划▶ 用木质板材与金属打造出一体转角开放式柜体，转角处为 120°，可起到引导视线、放大空间视觉感的作用。

收纳技巧▶ 柜体各层板可随手放置物品，随着动线延伸，显得轻巧而简洁，为空间营造出轻松随意的生活氛围。

120°转角设计巧妙地放大了空间感

图片提供：甘纳空间设计

图片提供：甘纳空间设计

预留的深度可完美收纳电子琴

案例 11
加强层板结构，提升承重性能

金属以植筋方式与墙面结合，强化支撑力

业主需求▶业主喜欢收藏茶具、模型和玩具等，希望能将它们展示出来。

格局分析▶不同于一般住宅进门后多为客厅的布局，此案例的玄关左侧是厨房与吧台，因此进门后首先映入眼帘的是餐厅。

柜体规划▶柜体从玄关的鞋柜区延伸至餐厅的收纳柜区，整合了不同形式的设计，包括半腰柜体与开放式层架，甚至还有电子琴收纳空间。

收纳技巧▶金属层架每层高度约 35 cm，层板下又增加了一层铁板，金属以植筋方式与墙面结合，既显轻盈，又提升了承重性能。

图片提供：木介空间设计

案例 12
拥有错落线条的金属展示架，
让陈列更有生活感

金属线条前后错落排列，
外形更加自然，且富有变化感

业主需求▶业主收藏的装饰品需要有摆放和展示的地方。

格局分析▶本案例的住宅利用金属展示架对空间进行装饰。

柜体规划▶镀钛金属展示架兼具陈列功能与视觉通透性，金属结合部位进行了加固，以确保承重的稳定性。

收纳技巧▶金属展示架的线条以前后错落的方式排列，让空间产生自然随机分割的感觉。层板同样可以随机配置，让收藏品的陈列更具随性的生活感，而不是规矩呆板地呈现。

图片提供：SOAR Design 合风苍飞设计＋张育睿建筑师事务所

案例 13
层板按长短排列，便于展示物品，让空间展现多变样貌

挡板隔开物品，便于拿取、替换

图片提供：构设计

大抽屉可以收纳孩子的玩具

业主需求▶客厅中需要有展示、放置装饰品的空间，但最好不要让孩子能触碰到。

格局分析▶客厅格局方正，沙发后有足够的空间，可以在此打造收纳柜。

柜体规划▶柜体上方从上到下按从长到短排列白色层板，并加入黑色挡板。下方柜体高度一般要大于 75 cm，以防孩子触碰物品。左边柜体边缘做了弧形处理，以避免碰撞。

收纳技巧▶白色层板上加入挡板，能轻松隔开物品。柜体最下方有大抽屉，可以收纳孩子的玩具。左侧白色柜体的最下层空间高 140 cm，可收纳行李箱等。

案例 14
金属架吊柜自带透视效果，增加空间视觉层次感

金属架吊柜增加视觉层次感

图片提供：筑乐居

业主需求▶业主喜欢金属架的利落感，并希望客厅有摆放、展示收藏品的空间。

格局分析▶客厅不大，沙发如果靠墙摆放，空间会显得没有层次。

柜体规划▶沙发没有靠墙摆放，而是和墙面预留了 20 ~ 30 cm 的距离，并在后面墙上设计了金属架吊柜。

收纳技巧▶为增加空间层次感，沙发不靠墙摆放，金属架吊柜除了能摆放收藏品，还能增加客厅的视觉层次感。

案例 15

玄关洞洞板兼具展示和收纳功能

业主需求▶希望玄关入口处能有外观灵活且功能多样的墙面。

格局分析▶玄关为狭长形空间，进门后便是客厅，玄关侧面墙使用洞洞板进行收纳。

柜体规划▶从玄关到电视墙的墙面呈弧形转角，侧面的洞洞板总长度约 5 m、高 2 m，地板上加入灯带，以引导视线。

收纳技巧▶玄关入口处的大面积洞洞板能灵活布置、使用，可以随意吊挂雨伞、外衣等，还能随物品大小调整间距。

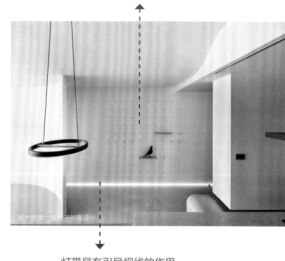

洞洞板可灵活调整层板位置

图片提供：虫点子创意设计

灯带具有引导视线的作用

超好放

案例 16

床头板局部内凹，增添变化感

业主需求▶卧室内衣物收纳柜已经足够，希望床头板能有其他功能，而不只是一面墙。

格局分析▶主卧与客厅相连，隔墙旁边刻意留出走道，营造空间通透感。床的后方原本是卫生间，改造后用推拉门的形式打造成衣帽间。

柜体规划▶衣物收纳需求大，在右方设计了一面通顶高柜。床头为了丰富视觉效果，在木质床头板上设计了展示柜格。

收纳技巧▶床头板以不规则的方式设计了大小和内凹方向不同的长方形柜格，以便展示多种类型的收藏品，为空间增添趣味性。

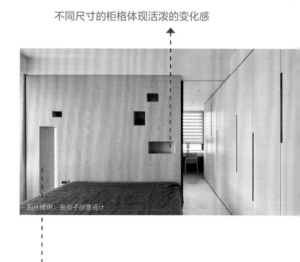

不同尺寸的柜格体现活泼的变化感

图片提供：虫点子创意设计

木质床头板赋予了房间温暖的氛围

案例 17

洞洞板可灵活展示各种物品

业主需求▶玄关入口处有一面墙，不过业主希望墙面增加其他功能，而不只是一面墙。

格局分析▶进门后，一眼就会看到正前方的白色洞洞板展示墙，它挡住了后方的开放式厨房。

柜体规划▶墙面使用了灵活性较高的洞洞板，并特意选用白色，以呼应空间整体风格。即使不展示物品，洞洞板本身也是一面有造型的端景墙。

收纳技巧▶为了让墙面风格与空间保持一致，整面墙使用了洞洞板，高 2.4 m、宽 2 m，让业主可以随心所欲地展示物品。

让墙面有多种功能

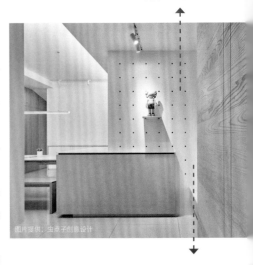

图片提供：虫点子创意设计

洞洞板选用白色，与空间整体风格相呼应，其本身也是一面端景墙

案例 18

吉他、小提琴均有展示收纳空间

业主需求▶业主一家四口都在学习音乐，需要有拿取便利的收纳吉他和小提琴的专属空间。

格局分析▶灰色石纹电视柜从客厅延伸至餐厅，并被厨房、餐厅的空间设计利用起来，打造了此处的展示收纳墙。

柜体规划▶在餐厅墙面上方打造层板，第一层上面刻意留出较高的空间，下面两层高度则较低。层板下方刻意留出高 140 cm、宽 120 cm 的空间安装挂架，以收纳乐器。

收纳技巧▶设计前精算过乐器大小，让兼具收纳与展示功能的墙面可放置两把吉他、一把小提琴。高度较低的层板可收纳较小的物品，最上层则可以摆放一家人的照片和其他装饰品。

层板可收纳各种物品

图片提供：构设计

收纳空间可悬挂吉他和小提琴

超美观

案例 19
层架与抽屉交错搭配，增添灵活变化

业主需求 ▶ 业主想要有展示旅行纪念品的空间，并喜欢开放式设计，但担心不易整理。

格局分析 ▶ 住宅内部是三层楼的通高空间，一楼主要作为公共区，二楼、三楼则是私密区。

柜体规划 ▶ 在通往上层的楼梯处规划了一面通顶柜体，同时设计出楼梯动线，柜体右侧则隐藏了储藏室。

收纳技巧 ▶ 通顶柜体用白色金属材质打造，分割成数个 45 cm × 45 cm 的柜格，搭配的 5 个抽屉可置入柜格中使用，业主可以灵活变换位置。柜格可以展示物品，抽屉则能收纳比较琐碎的物品。

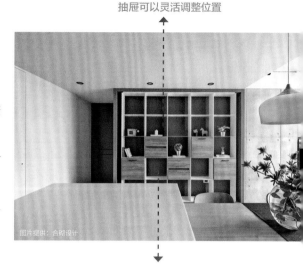

图片提供：合砌设计

金属材料让柜体显得
轻盈又利落

展示柜深度为 50 cm，可放各种收藏品

好拿取

案例 20
展现收藏品的内凹空间

业主需求 ▶ 业主一家三口凡是出去旅游，都会购买纪念品（比如星巴克城市杯），需要有展示收藏品的空间。

格局分析 ▶ 开放式餐厅的右侧墙面内凹了一块，就像壁龛一样，左边则是客厅。

柜体规划 ▶ 将内凹空间规划为展示收藏品的空间，并打造了白色矮餐边柜。

收纳技巧 ▶ 展示柜深度为 50 cm，便于摆放不同大小的物品，白色矮餐边柜则能收纳客餐厅的各式杂物。

图片提供：构设计

白色矮餐边柜适合收纳客餐厅杂物

第四章　餐厅与厨房

一、餐具、杯子放在厨房拿取不便，如何设计餐边柜才好拿？

设计
关键提示

图片提供：甘纳空间设计

在墙面上切割出 3 个带状开口，可供中岛处收纳杯子用，也是家居装饰的一部分

| 提示 1 |

用薄抽屉收纳小物品

　　餐边柜里会有筷子及大大小小的汤匙等体积小但种类多的物品，适合使用薄抽屉收纳，抽屉内可以用可调整大小的分隔配件，让所有物品一目了然，且方便拿取。

| 提示 2 |

深抽屉适合收纳尺寸不一的物件

　　餐垫、纸巾、碗、盘子、茶具、茶罐等尺寸不一，可设计较深的抽屉来收纳它们，或在餐边柜内利用活动层板调整收纳空间。若餐边柜内不打算设计抽屉，则柜体深度不宜太深，否则拿取放在内侧的物品会有些不方便。

| 提示 3 |

使用频率低的物品收纳在柜体下层

　　餐桌上的装饰品，有些会在特殊时刻摆放，如烛台；有些则需要替换使用，如桌布。这类物品的使用频率较低，通常收纳在柜体下层空间，但为了避免损坏或弄脏，最好先包装一下再收纳。

图片提供：福研设计

将餐边柜设计为上下两部分，下方8个大抽屉，每个抽屉的内部还设计了3种不同高度的小抽屉，可根据物品尺寸分类收纳

| 提示 4 |

分格规则以自己顺手为优先原则

餐边柜抽屉中的分格并无特定的排列规则，应以取放方便为准，是否美观并非重点。由于使用习惯不同，别人的排列规则不一定适合自己，最好能按照自己的使用习惯来搭配组合，才能拿取方便。

| 提示 5 |

设计时考虑人体工程学的尺寸

抽屉内的配件设计要从人体工程学的角度出发。比如，某些配件尺寸会以人体双臂展开的一般长度 168 cm 为基础加以变化，可以有 84 cm（168÷2 = 84）、56 cm（168÷3 = 56）、42 cm（168÷4 = 42）等不同尺寸的设计，这样的配件使用起来会感到舒适与方便。此外，使用者可根据物品情况和个人使用习惯，选择适合自己的尺寸。

| 提示 6 |

餐边柜使用玻璃柜门，有展示功能

有些人喜欢购买餐具（如杯盘），并将其当作一种收藏品，因此餐边柜不只要有摆放功能，还必须兼具展示功能。建议柜门采用整片玻璃，不但拿取餐具时能看得清楚，视觉上也整齐美观。此外，有柜门的餐边柜比开放式层架更安全一些，不用担心餐具会掉落。

| 提示 7 |

分类→考量使用频率→归位

想要让餐具拿取方便，第一步要先将碗盘按不同功能分类，如小型的碟子放一起、中型的盘子放一起、大型的盘子放一起、宴客专用的餐具放一起，分好类之后再按照使用频率和大小归位。

| 提示 8 |

双面餐边柜收纳更好用

开放式厨房通常与餐厅相邻，餐边柜可采用双面设计，让两个区域都能使用。挑选一些好看的物品放置在餐边柜中，可使其除了基本功能外，还具备装饰空间的效果。

9个精彩的餐边柜设计

双功能 案例 01
外拉式薄抽屉可将物品一目了然

图片提供：奇逸空间设计

业主需求▶业主希望用餐时能观看电视，偶尔会在自家举办餐会招待朋友。

格局分析▶餐厅与厨房之间略有距离。

柜体规划▶利用墙面打造无把手的白色落地柜。

收纳技巧▶电视机下方的两个薄抽屉可就近收纳日常使用的餐具，外拉式做法便于将物品排列整齐，一目了然又方便拿取。

薄抽屉拉出来放餐具十分方便

双功能 案例 02
一体式设计让柜体嵌入桌子里

业主需求▶业主希望将餐具收纳起来的同时，也要将它们展示出来。

格局分析▶餐厅紧邻客厅，再多打造一个柜体会有些多余。

柜体规划▶善加利用餐桌下方厚实的桌脚空间，将柜体与餐桌整合在一起，再使用玻璃与层板等材料，让柜体不仅可以收纳餐具，而且可轻松将它们展示出来。

收纳技巧▶加入玻璃门，既不用担心餐具掉落出来，又不用担心行走时会碰撞到它们。柜门上安装了把手，提高了开启的便利性。

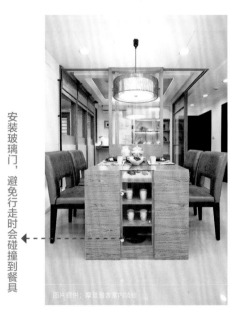

安装玻璃门，避免行走时会碰撞到餐具

图片提供：摩登雅舍室内装修

案例 03

流畅动线让泡茶十分方便

业主需求▶希望能有开放式厨房和中岛设计。

格局分析▶空间面积小，通过拆掉厨房隔墙打造开阔视野。

柜体规划▶餐厨空间内打造了由中岛延伸出来的餐桌，并在墙面整合了红酒柜、餐具柜和厨房台面，既将空间利用到极致，又不会有凌乱感。

收纳技巧▶中岛设有电陶炉，并在下方设计了镂空空间以收纳茶具，流畅的动线让日常泡茶行为更加方便。

大容量的红酒柜

图片提供：拾隅空间设计

镂空空间可收纳茶具

案例 04

不只收纳餐具，还能陈列收藏品

业主需求▶业主家中是一对夫妻和两个孩子，希望柜体设计中能融合一家人的爱好。

格局分析▶业主希望在公共区域营造出开阔、无障碍的感觉，因此要善加利用通往厨房过道的两侧墙面，以此打造收纳功能。

柜体规划▶在柜体内收纳餐具等，开放的展示区可陈列业主的收藏品，同时利用灵活的洞洞板作为厨房门（兼作柜门）。

收纳技巧▶收纳柜以木材打造，坚固耐用。集成层板、抽屉等收纳方式，且采用间接照明，不仅拿取方便，而且可营造视觉美感。

加入间接照明，烘托陈列品之美

图片提供：乐声空间设计

收更多 案例 05
将餐具藏进独立吧台

业主需求▶空间虽小，但有餐具收纳的功能需求。

格局分析▶厨房为开放式，可使用一旁的空间规划餐具收纳区。

柜体规划▶厨房旁打造了一个木制独立式吧台，吧台下方设计了多个抽屉，满足收纳需求。

收纳技巧▶收纳以抽屉为主，分别设计了高度不同的款式，可随物品大小来摆放，既方便收纳，又不用担心物品上落灰。

不同高度的抽屉可收纳不同大小的餐具

好质感 案例 06
古典风格让柜体更显精致

内缩的柜格及层板可展示业主的收藏品，并成为餐厅端景

业主需求▶业主有收集杯子的爱好，希望有专属展示空间，并且餐厨区要明亮开阔。

格局分析▶开放式餐厨空间大小和功能已经较为充足，且餐桌后方另有独立中岛可供灵活运用。

柜体规划▶柜体中用柜格及层板打造餐具收纳空间，此多元分割手法还可使柜体显得更加轻巧。

收纳技巧▶柜格及层板设在柜体中部，深度内缩为 35 cm，整个柜体既有深浅层次，取用方便，又能成为用餐时的视野端景。

更灵活

案例 07

小变大，可拉出延伸桌面的中岛桌

业主需求▶业主喜欢在家做菜招待亲友聚会，空间开阔的大厨房搭配中岛设计，更能满足生活需求。

格局分析▶原客厅和餐厅采光不足，改造时大幅改动格局，除了卫生间，其他空间全改为无隔墙的开放式设计，空间内以餐厅和中岛为中心。

柜体规划▶空间中的管道外层以柱体包覆，中岛就倚在柱体旁边，打造为三层结构（上方的人造石洗手池、中间的黑色矿物涂料平台和下方的烤漆工艺柜体），柜体内可收纳料理用品、锅具和滤水器。

收纳技巧▶中岛的黑色矿物涂料平台与餐桌连成一体，搭配特殊五金配件，餐桌被设计成可拉出延伸桌面的形式，拉出后桌面共有三段尺寸，可供多人使用。

餐桌可拉出延伸桌面使用

柜体内可收纳料理用品和锅具等

案例 08

定制中岛吊柜，收纳瓶瓶罐罐

业主需求▶业主闲暇时常会在家品茶、小酌，偶尔还会招待客人，希望不同尺寸的物品得到妥善安置。

格局分析▶中岛位于客厅、餐厅和多功能区的中心，承担收纳茶叶和酒、制作轻食简餐、清洗器具等功能。

柜体规划▶大理石中岛台面呼应了室内其他材料的木质纹理，让自然风格得到统一。吊柜设计利用了层高的优势，且丰富了此处的收纳层次。

收纳技巧▶吊柜上可存放茶叶罐、茶缸等较大容器，中岛下方则收纳酒瓶、茶壶等瓶瓶罐罐。物品分类后一目了然，日常使用更便利。

利用层高优势规划吊柜

↓

悬空式设计让柜体更显轻盈

案例 09

悬空式柜体让收纳更加井然有序

业主需求▶业主喜欢收藏各式各样的餐具，并希望家中方便整理，不需要太多时间来打扫。

格局分析▶入口处延伸到餐厅的墙面划分出玄关和公共区域。

柜体规划▶利用餐厅一侧墙面打造悬空式柜体，选用水泥纹理的板材，与空间中的白色基调相搭配，契合业主偏爱的简约低调色彩。悬空柜体不仅营造出轻盈感，也便于打扫清洁。柜体分割细腻，减少凌乱感。

收纳技巧▶悬空式柜体深度约 35 cm，内部配置了层板，方便业主收纳各式各样的餐具。

二、厨房小电器放在台面有些凌乱，橱柜能将它们隐藏起来吗？

图片提供：馥阁设计（FUGE）集团

柜体安装了烤漆推拉门，搭配上方投射下来的灯光，使柜体具有展示的功能。若担心显得凌乱，也可以将小电器遮挡起来

| 提示 1 |

收纳在距地面 90 cm 以内的地方

有的家庭习惯将微波炉、小烤箱放在厨房或餐厅的台面上，这样操作起来较为顺手。然而这些小电器若收纳不当，常会让空间看起来拥挤而杂乱。建议将它们放到台面以下，也就是距地面 90 cm 以内的地方，降低它们在视野中的存在感。或者可以安装上掀式柜门，不使用的时候将小电器隐藏起来即可。

| 提示 2 |

复合式平台好收又好用

会产生蒸汽的小家电，比如电饭锅、热水壶等，不宜放在柜子里。建议在橱柜中设计内凹式平台，并使用抽盘，不但可以解决这类小家电的收纳问题，而且还能多出一个备餐台以供使用。

| 提示 3 |

活动推拉门可作为柜体的遮挡与装饰

收纳小电器的柜体中段是使用较为频繁的空间，需要补充光源，以解决照明不

将冰箱、烤箱等整合在一整面橱柜内，使用仿实木质感的柜门，让柜体兼具功能性与视觉效果，并与空间的木质风格相呼应

图片提供：禾光室内装修设计

足的问题，并辅以活动推拉门作为遮挡与装饰。另外，距地面 90 cm 的台面下方第一排为黄金收纳区，可将常用的烹饪工具、保鲜膜等物品收纳在这里，以提升使用效率。

提示 4

精准尺寸有助于做内嵌式收纳设计

如果要将烤箱、微波炉等小家电都隐藏起来，要预先了解精准的尺寸，利用内嵌的方式，用抽盘、柜门等设计来实现隐藏体积与方便使用两种需求，这样无线路的外观会显得非常简洁整齐。另外，开放式层板也是比较实用的方式，但会产生蒸汽的小家电还是谨慎选用这种设计。

提示 5

白色可让柜体显得轻盈

一般来说，选用白色为柜体主色，会让空间呈现轻盈的视觉效果，顺便也能减轻各式家电带来的色彩上的杂乱感。

提示 6

全隐藏收纳适合少开伙的家庭

平时做饭少的家庭可加大轻食制作区的比例，简化油烟较多的烹饪空间。因为烹饪机会少，平时可将相关工具全部隐藏于柜中，这样会让厨房显得更加整洁。

提示 7

内嵌式设计可打造整体的视觉效果

内嵌式设计可让柜体的视觉效果更有整体性。具体来说，可以选用厨房专用的不锈钢收纳箱将各式小家电藏起来，搭配排风设备，让使用与清洁更加便利，轻松实现视觉美观的效果。

提示 8

注意蒸汽的问题

类似电饭锅和热水壶这种会产生蒸汽的小家电，建议用抽盘进行收纳，或者在柜体中的电器上方做开放式设计，以降低蒸汽对板材的影响。

11个精彩的电器柜设计

收更多

案例 01

收纳电器、厨具的橱柜与收纳杂物的玄关柜整合在一起

业主需求▶家用电器、厨具多，并且需要两个水池，以区分不同用途的清洗区。

格局分析▶住宅整体是 L 形格局，厨房与餐厅连接在一起，形成一个狭长形空间。

柜体规划▶由于空间是狭长形的，因此将收纳厨具、电器的橱柜和收纳杂物的玄关柜整合在五六米长的墙面，水池上方则设计了吊柜。

收纳技巧▶收纳电器的柜体部分使用了上掀式柜门设计，便于灵活使用电器。其余柜体因考虑到厨房油污、灰尘等因素，以封闭式柜门设计避免清洁上的困扰。

隐藏式柜门设计更显简约、利落

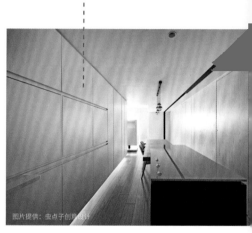

图片提供：虫点子创意设计

图片提供：虫点子创意设计

上掀式柜门内，柜格中预留了插座，可供电器使用

双功能

案例 02
吧台兼做电器收纳柜

金属抽板，方便清洁层架

业主需求▶想要有专门的柜体收纳各式家电。

格局分析▶厨房面积略小，需要通过整合才能规划出柜体的空间。

柜体规划▶在厨房打造了一座吧台，在其内侧设计收纳柜，深度约 30 cm，适合放置电器及其他一些小杂物。

收纳技巧▶在层架中加入金属抽板，只要轻轻一拉，就能将电器拉出来使用，并且清洁起来也很方便。

图片提供：几谷設計室內裝潢

好便利

案例 03
巧妙延伸收纳柜并串联空间

柜体延伸至开放式书房

业主需求▶餐厨区域面积太小，需要通过设计扩增收纳与用餐空间。

格局分析▶需要与另一空间重叠使用，以解决餐厨区域空间不足的问题。

柜体规划▶原来的厨房不只面积小，收纳空间也不足，因此打开相邻的书房空间，将电器收纳柜延伸至此。开放式书房内，在收纳柜的对面利用墙面和门框之间宽约 22 cm 的畸零空间，以层架形式打造了一个大容量的开放式书架。

收纳技巧▶延伸至书房的收纳柜和厨房柜体深度一致，以此将立面对齐。柜体中部不安装柜门，方便摆放经常使用的电器（如微波炉）。

图片提供：禾光室內裝修設計

案例 04
多功能柜体整合玄关、餐厨收纳空间

业主需求▶业主家中有两个大人、一个小孩，杂物比较多，需要充足的收纳空间。

格局分析▶原始格局为三间房，调整后保留两间，另一间被打开，以此增加公共空间的面积。现在的格局是一进门，玄关旁边就是厨房。

柜体规划▶由于进门后就是厨房，因此将鞋柜、电器收纳柜、橱柜全部整合到一起，设计出高 150 cm、深 60 cm 的多功能整合柜体。

收纳技巧▶柜体内部使用了活动层板，业主可以按照收纳物品的大小灵活调整层板高度。为了让柜体顺利收纳电器，深度做到 60 cm，柜体下方则为悬空设计，从而打造视觉上的轻盈感。

60 cm 的深度可让柜体收纳各种电器

图片提供：虫点子创意设计

案例 05

树形拉门化身为餐厅装饰屏风

业主需求▶空间简洁且好整理。

格局分析▶一字形厨房需要和餐厅共享空间。

柜体规划▶中间的开放式台面可放置微波炉、电饭锅等小家电，上下方的柜体则可放置保鲜膜、电池等各种小物件。

收纳技巧▶柜体中间可作为简单的小家电操作区，两扇树形拉门合上后就成了漂亮的餐厅装饰屏风。

开放式台面上可以收纳小家电，上下柜体可以收纳保鲜膜、电池等

图片提供：演拓空间设计

案例 06

隐藏式把手设计让柜体像墙面一样

业主需求▶业主喜欢旅游，希望将自家空间打造得宽敞、自在。

格局分析▶原始格局是两间房，改造后只保留一间卧室。

柜体规划▶在餐桌后面打造了简约利落的柜体，隐藏式把手设计让柜体外观像墙面一样，避免了大型柜体可能带来的压迫感。右侧灰玻璃层格则为图书和旅游纪念品提供了展示空间。

收纳技巧▶柜体左侧白色部分其实是从侧面使用的，主要用来收纳使用频率较高的家电，如微波炉、电饭锅。右侧白色柜门内则放置使用频率较低的家电，如榨汁机、电烤箱等，并附有抽盘，方便拉出使用。

侧面的开放式层架可收纳使用频率较高的电器

柜门内设有抽盘，可拉出使用

图片提供：合砌设计

案例 07

柜体中使用拉篮、抽盘，使用小电器更便利

业主需求▶新婚夫妻期望在家中打造开放式客餐厅，能有序地收纳电器及其他物品。

格局分析▶在开放式客餐厅墙面内凹处打造了电器柜，餐桌斜后方因有突出墙面 80 cm 的反梁结构（注：指因某些原因而把梁做到楼板上方），于是用三角形展示架来修饰。

柜体规划▶收纳柜中设计了拉篮和抽盘，柜门也设计成上掀式，打开使用时不占用空间。

收纳技巧▶柜体中特意留出能容纳冰箱的空间，拉篮、抽盘则便于摆放电饭锅、电烤箱等小家电，封闭的上掀式柜门能够起到防尘作用。

上掀式柜门可让电器完美隐藏在后面

图片提供：构设计

柜内包含拉篮和抽盘，方便摆放小电器

案例 08
墙面内嵌隐藏冰箱、小家电，打造简约空间

业主需求▶业主家中三代同堂，希望餐厨空间能较为宽敞。偶尔业主夫妻两人一起下厨，因此家电用品的收纳格外重要。

格局分析▶原来的厨房是独立隔间，拆除隔墙后微调布局，以中岛连接餐桌，满足餐厨空间的多元功能需求。

柜体规划▶餐桌一侧干净利落的白色墙面中整合了两台冰箱，冰箱后方则隐藏了一间储藏室。

收纳技巧▶冰箱另一侧嵌入了蒸箱和电烤箱，连接开放式平台，方便在此备餐，藏于内侧的设计在外观上也不会显得凌乱。

墙面内嵌冰箱设计，收纳得更好看

图片提供：ST design studio

平台隐藏在内侧，适合放小家电

案例 09
复合式柜体设计可满足小户型收纳需求

业主需求▶家庭成员有两个大人、一个孩子，在 49.5 m² 的空间中，希望公共区域大一些。

格局分析▶进门后经过玄关，正前方就是客厅，左边是厨房，后方为两间卧室。

柜体规划▶玄关处的柜体为复合式多功能设计，整合了鞋柜、橱柜、餐桌和储藏室，并将原来放在外侧的厨具移到内侧。

收纳技巧▶复合式柜体高度约 2.1 m、深度为 60 cm，从鞋柜部分延伸出餐桌，可以放包或外出衣物等，右侧则连接厨房橱柜，可收纳嵌入式烤箱等设备。

复合式柜体整合了电器和厨具收纳功能

柜体结合餐桌，更省空间

图片提供：虫点子创意设计

案例 10
用中岛整合家电、餐具和红酒柜的收纳空间

业主需求▶业主旅行足迹遍及世界各地，认为回家就像鸟儿归巢，因此家中的收纳设计以舒服、简约为要点。如果能再有个中岛方便吃上热腾腾的火锅，就更是一件幸福的事。

格局分析▶原始户型为三间房，但由于家庭成员较少，业主又经常在家举办聚会，便舍弃一间小房间，将其空间改造成更为开阔的带有中岛的客餐厅。

柜体规划▶玄关处采用了复合式多功能设计。这里集合了厨房、卫生间和储藏室的入口，用通高的木纹柜门将各入口收整美化，搭配深色展示柜，错落的层格如同树枝交错，让从世界各地带回来的收藏品可以在此展示、栖息。

收纳技巧▶中岛中配置了电磁炉，让热爱火锅的业主可以随时吃上一锅。插座线路都隐藏在中岛内部，既好看又安全。台面底下还设计了抽盘、抽屉，可用来放置小家电、餐具和红酒柜。

图片提供：北欧建筑（CONCEPT）

台面内侧下方可放置小家电、餐具和红酒柜

柜体内附有排风设备，可解决蒸汽问题

选购薄款冰箱，才能嵌进橱柜中

图片提供：相即设计

超美观

案例 11

**多种电器藏进
不锈钢收纳箱**

业主需求▶家电设备收纳后要方便好用，且视觉上不失美观。

格局分析▶从厨房延伸至玄关的木纹线条呈现了空间的连续性。

柜体规划▶利用嵌入和隐藏的概念，将电烤箱、冰箱和其他小家电整合在同一个柜体中。

收纳技巧▶黑色面板处为不锈钢收纳箱，可将电热壶、烤面包机、榨汁机、电饭锅等小家电收纳于其中。

三、酒柜要如何设计才能融入空间，不会看起来凌乱？

设计 关键提示

图片提供：摩登雅舍室内装修

仿旧的白色木制橱柜，将业主的隐藏式酒柜收纳在抽屉中，并整合了餐具、电烤箱，使用动线更流畅

| 提示 1 |

橱柜也能变身红酒收纳区

橱柜中抽屉的高度只要有 15 cm，搭配使用板材和抽拉盘，再巧妙结合红酒架，便能成为简单的红酒收纳区。若要转换功能，可以将红酒架拆除，便又变回一般的抽拉层板。

| 提示 2 |

红酒柜可为红酒提供最佳贮藏条件

红酒、白酒有各自最适合的贮藏温度，贮藏红酒最好还是使用红酒柜。一般可以利用空间一角，结合艺术装饰，打造专属的红酒柜。需注意的是，一般来讲，常温贮藏只适合经常喝酒的家庭。

| 提示 3 |

根据酒的种类选择柜体设计方式

酒柜的好坏会影响酒的质量。虽然一般木制酒柜即可存放，但如香槟或等级比较高的红酒等，还是建议采用插电式红酒柜，这种酒柜可以调节温度、湿度，这样才不会影响酒的品质。

酒柜层架采用斜放设计，让人更方便辨识酒标，拿取更顺手

图片提供：摩登雅舍室内装修

| 提示 4 |

红酒的收藏方式，既可平放，也可陈列

红酒的收藏方式多为平放。需要注意的是，酒柜深度不可太浅，这样瓶身才能稳固，避免因摇晃而掉落。若收藏的酒种类众多，瓶身大小不一，则适合陈列式存放。

| 提示 5 |

常温存放需注意柜体内温度不要太高

若经常喝红酒、每瓶更新较快的话，可以规划常温下的存放空间。但是在将红酒柜与其他柜体整合时，还是要注意温度控制，例如内嵌式电视柜、柜体内的内嵌照明灯具，都会让存放空间温度过高，从而影响红酒品质。

| 提示 6 |

门板挖圆孔作红酒收纳

红酒在红酒柜中平放时，除了堆叠方式，还能以卡住瓶口使瓶身不掉落的方式收纳。一般红酒柜深度可为 50 ~ 60 cm，在柜门上对应每一个酒格的中心挖出直径为 9 ~ 10 cm 的圆孔，便可刚好卡住酒瓶，让酒瓶卡在圆孔内而不会掉落。

| 提示 7 |

搭配灯光变身空间装饰

酒柜不只有收纳功能，也可以是重要的家居装饰。比如，采用鲜艳的颜色搭配灯光，便可营造出轻松的氛围，让居家品酒成为一项时尚感十足的休闲活动。

7个精彩的酒柜设计

多功能

案例 01

利用不同深度打造不一样的红酒收纳区

业主需求▶希望打造多功能中岛，整合备餐、收纳、酒柜及餐桌功能。

格局分析▶厨房空间不大，希望可以充分利用，以满足多元需求。

柜体规划▶利用中岛前后深度分别为 20 cm和 60 cm 的特点，以不同形式打造红酒柜：一是有冰箱功能的红酒柜（可收纳 6 瓶），二是开放式红酒收纳区（可收纳 14 瓶），中岛右侧墙面上则设有层板来收纳酒杯。

收纳技巧▶利用中岛的特点量身定制红酒收纳设计，并充分利用墙面，实现立体收纳效果。

墙面利用层板收纳酒杯

在中岛中打造的红酒收纳区

图片提供：非关设计

省空间

案例 02

用吊柜优化空间关系，巧用吧台下空间收纳红酒

业主需求▶业主希望家中有个吧台，能让夫妻俩在空闲时小酌一杯。

格局分析▶72.6 m² 的空间除了满足全家人的收纳需求，还打造了一个充满幸福感的小空间。

柜体规划▶柜体集中设置在玄关、厨房一侧，并由色调淡雅的木制橱柜延伸出大理石吧台。

收纳技巧▶在吧台下嵌入红酒柜。上方延伸出一个吊柜，起到连接餐厨与客厅的作用，丰富了天花板的视觉效果，并提升了储物功能。

吧台下方整合红酒柜，节省空间

图片提供：拉窝空间设计

开放式层板设计，可直接将酒瓶卧放收纳

好拿取

案例 03
兼顾美感与易拿取的酒柜区

业主需求▶虽然厨房已有一个酒柜，但业主还希望有一个可以随手拿酒的空间。

格局分析▶将红酒柜规划在靠近餐厅的空间，想喝酒时便可以随手拿取，同时这里还兼具展示功能。

柜体规划▶在背对厨房、面向公共空间的一整面墙的柜体中，特意安排了一块开放区域作为酒和酒杯的收纳区。

收纳技巧▶开放式层板收纳设计便于酒的拿取与存放，酒杯悬挂于此处，兼具展示功能，既美观，又可展现业主的生活品位。

图片提供：尔声空间设计

案例 04
好看酒柜化身餐厅端景

图片提供：甘纳空间设计

业主需求▶ 业主用餐时有饮用红酒的习惯，需要有存放红酒的柜体。

格局分析▶ 餐厅空间十分宽敞，采光明亮。

柜体规划▶ 量身定制了一个开放式红酒柜，层板倾斜约 30°，左右两侧用宽面栓木板材收边，比例均衡好看。

收纳技巧▶ 倾斜层板方便酒瓶堆放收纳，每格可容纳 3 ~ 4 瓶酒。

倾斜约 30°，方便堆放收纳

案例 05
让温控红酒柜融入时尚中岛

预留尺寸，嵌入温控红酒柜

图片提供：禾声空间设计

业主需求▶ 业主夫妻俩喜欢品酒，但家中没有空间打造酒窖，希望可以有让酒保持新鲜的储存方式。

格局分析▶ 进门后的右侧空间为开放式餐厨区，利用中岛整合餐厨空间，并按餐后饮酒的习惯进行规划。

柜体规划▶ 已经先买好了现成的金属酒柜，并在中岛下方预留了尺寸，装修时将其嵌入其中即可。酒柜具有调温功能，大约可以存放 10 瓶酒。

收纳技巧▶ 餐厨空间是客人到家中聊天、饮酒的地方，主人和亲友可以自在地在这里享用美酒。中岛上方设计了金属吊柜来收纳酒杯。

省空间

案例 06
楼梯整合红酒柜，强化收纳功能

业主需求 ▶希望空间拥有完整的家居功能，平常有小酌一杯的习惯。

格局分析 ▶此住宅是居住面积有限的 LOFT 户型。

柜体规划 ▶将柜体做成楼梯的一部分，既可以满足各式收纳需求，也可以用来分隔厨房与客厅。

收纳技巧 ▶楼梯下方是开放式红酒柜，红酒柜下方的抽屉还能收纳其他物品。

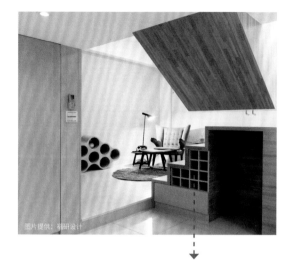

从第二级台阶开始设计红酒柜，不用弯腰便可拿取

易存放

案例 07
融入轻食区的美观吊柜

业主需求 ▶将轻食区与柜体安排在靠墙区域，并希望可以展示出漂亮的酒杯。

格局分析 ▶为了维持公共空间的开放性，将业主小酌几杯的轻食区安排在厨房出口处的靠墙区域。

柜体规划 ▶善用梁下空间打造浅蓝色柜体作为轻食区，整合酒柜、洗手台，以便随时清洗，酒则收纳在上方有柜门的吊柜中。

收纳技巧 ▶根据业主身高定制吊柜高度，方便业主随时打开吊柜拿酒。右面的开放式层架则作为酒杯收纳处。

美观的镂空式吊柜作为酒柜

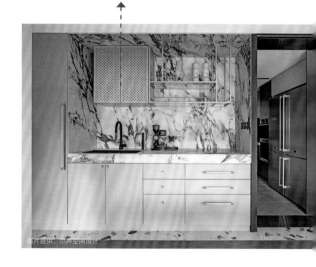

第五章　书房与阅读空间

一、有很多图书，书柜要如何设计才能更整齐、收纳东西更多？

设计
关键提示

利用轨道设计打造双层书柜，可满足更多的图书收纳需求

| 提示 1 |

书柜最好兼具开放性和封闭性

　　书柜设计以兼具开放性和封闭性为最佳，但需要留意分配比例，才不会让书柜显得杂乱或笨重。有柜门的封闭式部分以实用为优先考量因素，内部可以使用可调整高度的层板，以适应各种规格的图书。

| 提示 2 |

将书柜设计为上、中、下多层

　　一般来说，可将常看的书放在开放式层架的中层，方便随时拿取；不常看或者收藏的书则放在上层或下层。柜门除了遮挡灰尘、防止碰撞到书，还可以避免五颜六色的书显得杂乱，或是带来压迫感。

图片提供：甘纳空间设计

使用材质、色彩、厚度不同的板材，可增添书柜视觉上的变化感

| 提示 3 |

板材加厚，可预防书架层板变形

板材厚度一般在 2 cm 左右，为了避免书架层板变形，建议加厚。一般可增至 4 ~ 4.5 cm，最厚可以到 6 cm，这样层板就不容易变形了，视觉上也能营造一种厚重感。

| 提示 4 |

柜门可降低书柜的清洁难度

一般家里的图书大小不一，若全部展示出来会显得空间较为凌乱。可以利用柜门进行遮挡，以体现简洁的空间感。

| 提示 5 |

打造不同高度的层格，量身收纳

预先了解图书的种类、比例和尺寸，便可以在柜体中规划出不同高度的层格，从而更有效率地进行收纳，还能做到节省空间。配合柜门设计，能达到适度遮蔽与统一视觉效果的作用。

| 提示 6 |

统一层板高度，维持视觉平衡

若图书太多，无法系统化归类，且不想层格之间高度相差太多，就可以取一个大概尺寸，然后统一规划层格高度，以便维持视觉上的平衡。

| 提示 7 |

图书尺寸影响层板的高度和深度

若是收纳杂志，层格高度必须超过32 cm，收纳一般图书的层格可以适当矮一点，若是收纳较宽的图书，深度最好超过 30 cm。另外，如果层格太高，中间可以再做分层，以便放更多的书。

| 提示 8 |

有柜门的层格和开放式层板交错，更有设计感

书柜中还可以将有柜门的层格与开放式层板交错设计，有明有暗，让外形好看、有特色的书展示出来，其他的书则藏在柜门里。

| 提示 9 |

宽度过长时，需要增强支撑结构

书架层格的宽度最好控制在 80 ~ 100 cm，若是超过 100 cm，则应适当增加板材厚度或增强结构支撑性能。一般来说，每30 ~ 40 cm 就要设置一个支撑架，或干脆使用铁质层板以增加强度。

22个精彩的
书柜设计

多功能

案例 01
楼梯间书柜巧妙结合猫跳台，增强楼梯空间功能性

业主需求▶家里养了只猫咪，希望有能让猫咪爬上爬下又能收纳的书柜。

格局分析▶四层楼别墅的楼梯间只设置动线功能，有点儿浪费。

柜体规划▶模块化的书架沿着楼梯从一楼贯穿到顶楼，部分设计为猫洞，让猫咪可以穿梭在柜格中。

收纳技巧▶使用大小、材质统一的书架，让不同大小的图书、玩具和装饰品可以随意摆放，不会显得凌乱。

书柜整合猫跳台，让猫咪穿梭玩乐

图片提供：非关设计

超质感

案例 02
自然材质烘托书房氛围

业主需求▶减少空间屏障，营造空间开阔感，增强亲友来访时的互动性。

格局分析▶开放式书房与客厅相邻，书柜既可以作为收纳区，又可以作为从客厅方向望过来的端景。

柜体规划▶用玄武岩做衬底，再用染黑木皮包裹金属，让色调统一。

收纳技巧▶金属层板的承重性能比木质板材更好。

黑色底色让物品的色彩更加突出

图片提供：尚艺设计

不受限

案例 03
不同高度的收纳格，分别收纳论文和漫画书

业主需求▶女主人是一位教授，有大量的文件与论文需要收纳，男主人则收藏了很多漫画书。

格局分析▶将书房规划在临窗的地方，位于外窗与卧室的中间。

柜体规划▶整体开放式的书柜中适当做了柜门设计，兼顾整洁与拿取的便利性。

收纳技巧▶根据漫画书与论文的大小规划不同尺寸的收纳格，并搭配 5 ~ 10 cm 厚的抽盘，方便收纳论文与各式文件。

设计不同高度，可收纳漫画书和论文等

图片提供：隐砌设计（FUGE）集团

好分类

案例 04
考虑到全家人的最佳收纳方式

业主需求▶业主夫妻两人都是医生，喜爱看书，又注重儿童教育，书房里需有大量收纳空间。

格局分析▶书房正对着厨房吧台，将开放式书柜内部涂上蓝色，形成视野里的一抹"蓝天"。

柜体规划▶一侧采用厚度仅有 0.5 cm 的烤漆钢板作为书架，另一侧则延续空间整体的木材质感，设计了封闭式书柜。空间中，收与放的线条相呼应，塑造出和谐的书柜风景。

收纳技巧▶钢质书架的切割方式不仅可以让图书的书脊朝外竖直摆放，还可以横放，较高的高度让尺寸较大的童书也能找到专属位置。中段的镂空区域则可用来放置杂物。

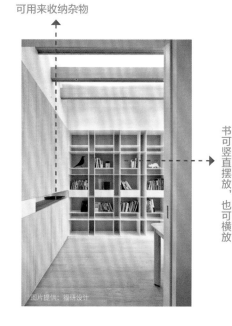

可用来收纳杂物

书可竖直摆放，也可横放

图片提供：猫研设计

案例 05

封闭式柜门、展示层板、抽屉等多功能设计，可满足所有收纳需求

业主需求▶业主收藏的书很多，希望能打造出书房空间。

格局分析▶以开放式空间中沙发后方的半墙为界，隔出书房空间。

柜体规划▶书柜以封闭式柜门、展示层板、抽屉等形式打造，可满足各类收纳需求，并能展现空间层次感。

收纳技巧▶业主有收藏陶笛的爱好，上层较浅的抽屉可以让陶笛排列整齐，好拿又好收。

图片提供：拾隅空间设计

上层较浅的抽屉方便收纳陶笛

图片提供：枸设计

U 形柜体兼具挡板功能

案例 06

**整屋柜体一体化
设计，使用方便**

业主需求▶男主人是灯具设计师，需要收纳很多图书，并拥有较大面积的工作桌。

格局分析▶书房兼客房的空间较小，且窗帘的正下方有深度达 70 cm 的反梁结构。

柜体规划▶空间整体柜体架高 45 cm，桌面高度按照标准尺寸设计，反梁结构则再往上垫 5 cm，与一旁的桌面高度一致，书柜墙面则使用层板来收纳。

收纳技巧▶架高柜体后，做上掀式收纳设计，可收纳棉被，铺上床垫又能作为客房。书柜的 U 形设计则具有挡板功能。

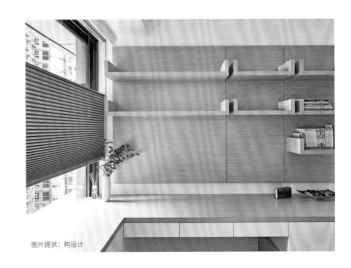

图片提供：枸设计

全景式

案例 07
双倍容量、可完全展开的双层滑轨收纳书架

业主需求▶业主为专职主播，收藏了许多漫画与角色模型，借由专属展示平台，让兴趣、工作与日常生活完美结合。

格局分析▶用清玻璃搭配卷帘规划出工作区隔间，左侧与主卧之间用双层书柜替代实体隔墙，这样便可以让空间既保有开阔视野，又保有一定的私密性，还能增加收纳量。

柜体规划▶书桌上方悬吊的白色金属层架是大型收纳区，可收纳角色模型。透过玻璃，可 360°全景欣赏模型。书桌与抽屉深度加深至 80 cm，让业主在家工作更舒适、便利，同时也能与上方展示架拉开足够距离，避免展示架带来压迫感。

收纳技巧▶双层书柜参考模型外盒尺寸量身打造，可收纳双倍物品。轨道采用金属滑轨，清洁起来更容易。

桌面加深至 80 cm，使用更舒适、便利

双层柜体的前面一层可用滑轨拉动，方便清洁

图片提供：质觉制作（Being Design）

白色板材包裹柜体侧边，起修饰作用

图片提供：方构制体空间设计

隐藏猫门可自动开合

超好收

案例 08
巨型柜体的收边"瘦身术"

业主需求▶业主爱好滑雪，有一些雪具和配件需要专门的收纳空间。另外，家中养猫，希望能给猫咪一个舒适的生活空间，并且要便于清洁。

格局分析▶将柜体向上延伸至房顶，柜体只用一种颜色，避免两截色块会压低空间感，以维持2.9 m的挑高优势。

柜体规划▶亚光铁灰色的大型柜体用白色板材包裹侧面，这种收边方式就像隐藏在墙内，从侧面看不出柜体厚度，以减轻柜体的厚重感。

收纳技巧▶收纳区域分成左右两区，左侧封闭式收纳区可收纳雪具和部分配件，右侧开放式收纳区可收纳图书，下面的柜门中设计了可自动开合的隐藏猫门，方便猫咪进出使用猫砂盆。

图片提供：方构制体空间设计

案例 09
善用空间，打造书柜

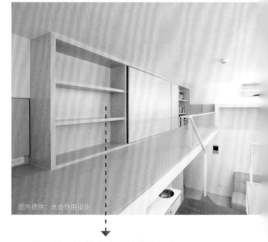

业主需求▶有大量藏书，希望营造有品位的家居氛围，又能维持空间开阔感。

格局分析▶LOFT 户型高度虽有 420 cm，但侧面和客厅上方都有横梁，上层高度仅 160 cm。

柜体规划▶客厅上方空间用 3 个宽 120 cm、深 35 cm 的柜体组成书柜墙，并配备拉门，调整开放区域和封闭区域。

收纳技巧▶书架层板是两块约 6 cm 厚的木芯板结合在一起，可提升支撑力。

图片提供：光合作用设计

↓

外层使用涂装木皮，性价比很高

案例 10
精算分割线，设计有柜门的
美观书柜

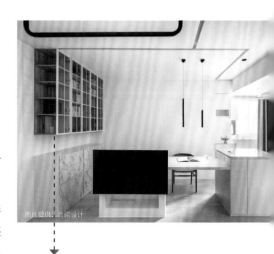

业主需求▶想要一目了然地看见每一本书，不能被柜门挡住。

格局分析▶这是业主一个人居住的空间，可以接受没有隔墙的设计。

柜体规划▶中岛连接的桌面兼具工作桌与餐桌功能，利用墙面打造吊柜与半腰柜，提供书籍与工作文件等的收纳空间。上方玻璃吊柜根据书籍厚度计算分割尺寸，让每一本书的书脊都可以完整露出。

收纳技巧▶不仅书柜的正面柜门可开启使用，还可以从侧面直接拿取、摆放书籍。下方半腰柜主要以抽屉形式收纳，无把手设计更显利落。

图片提供：会衕设计

↓

书柜侧面也可以拿取，这里可收纳常看的书

案例 11
通高柜体打造大量书籍收纳与生活交流空间

业主需求▶一家四口需要三间房，但住宅总面积只有 72.6 m²。

格局分析▶空间拥有 4.2 m 的高度优势，设计师从垂直方向上寻找打造其他空间的可能性。

柜体规划▶以树屋为主题，利用 H 型钢结合悬吊结构打造复层格局，通高立面书架墙可以容纳许多生活用品，对面柜体则兼具空间分隔、动线洄游和鞋柜等功能。

收纳技巧▶两个通高柜体除了具有收纳、陈列书籍和孩子作品的功能，还与平台过道结合，打造出可随意阅读与休憩的生活场景，也让一家人可在此进行交流。

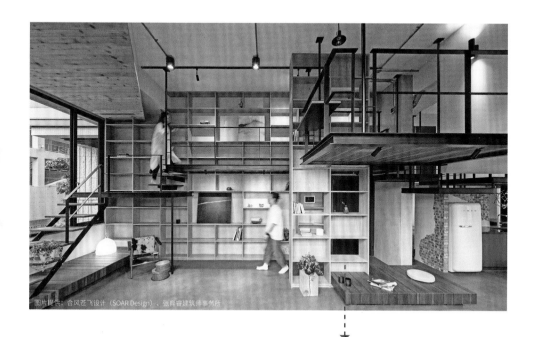

图片提供：合风苍飞设计（SOAR Design）、张育睿建筑师事务所

鞋柜部分兼具穿鞋椅功能

案例 12

收纳书籍与奖牌的白色柜体

业主需求▶业主的藏书量大，需要有大柜子摆放常用读物或陈列套装书，也需要小的展示区将比赛奖牌挂出。

格局分析▶由于墙体上方有横梁、靠窗有立柱，客厅收纳柜最右侧做成假柜，使整体造型得以延续，避免靠墙处产生畸零空间。

柜体规划▶全屋柜体统一高度，上下留出空间，营造轻盈感。柜门之间的线条刻意从一般的 0.3 cm 加宽至 1 cm，以强化白色切割面上的黑色线条感，形成立体刻痕般的装饰效果。

收纳技巧▶最右侧的假柜部分内缩，形成一方浅格，搭配蓝色挂钩，用以吊挂展示业主的奖牌。

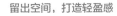
留出空间，打造轻盈感

图片提供：方构制作空间设计

案例 13

简约线条里藏着一颗男孩的浪漫童心

业主需求▶业主有不少漫画书，希望能将这份专属的浪漫感融入冷调空间中。

格局分析▶空间中有不少梁柱，装饰背景墙和柜体的上方与横梁切齐，形成有层次的美感。

柜体规划▶在黑白灰色调的空间中，以直线为装饰元素。镶嵌在白色细格栅墙里的悬空漫画柜，其铁灰色经纬格线有一种特有的规律、简约之美。

收纳技巧▶漫画柜用 3 cm 厚的板材打造，通过密集的交错方式来强化结构，不论深度还是高度，每一格都刚好能容纳下漫画书，丝毫不浪费空间。

图片提供：方构制作空间设计

3 cm 厚的板材强化书柜结构

多样性

案例 14

多元收纳方式，亲子阅读更轻松！

业主需求▶年轻的父母希望家里的样貌不要太呆板、规矩，收纳形式可以多点灵活性与变化感，也能让家人多一些互动。

格局分析▶客餐厅与多功能阅读区为开放式格局，通过矮柜，既可界定空间，又让彼此串联。

柜体规划▶以土耳其蓝为背景色的木质书柜，其柜门为可在滑轨上平移的磁性黑板，专为亲子互动设计，父母与孩子可用它画画、留言。飘窗下方是摆放杂物的抽屉，紧邻的斜底双面矮柜则集合了置物平台、插座充电区等功能，同时也是客厅沙发的靠背。

收纳技巧▶书柜底下搭配木质抽篮，抽篮的灰色把手表面为黑板漆，能标示储放的物品，且能够随时修改标签。

可在滑轨上平移的磁性黑板，便于家长与儿童画画、留言

木质抽篮好拿取

图片提供：方构制作空间设计

案例 15

带来森林般氛围的书墙端景

业主需求▶喜欢阅读的业主需要充足的书籍收纳空间。

格局分析▶书架墙作为公私区域的界定墙面，要能让两个空间同时使用。

柜体规划▶餐厅天花板用铁架吊挂绿色盆栽和照明灯具，与后方书架墙上的橡木、枫木等装饰板相呼应，营造森林般的氛围。

收纳技巧▶书架墙用作餐厅、卧室两个空间的界定墙面，兼具书架与衣柜功能（书架的背面就是衣柜），满足双重收纳需求。

书柜的背面为衣柜

图片提供：甘纳空间设计

超好收

案例 16

双层侧滑柜体打造家居书店

- - - - - - - - - - - - - - - - - - - -

业主需求▶为了维持日常居室整洁，大型电器要有方便收纳的空间。

格局分析▶柜体主要设置在开放式餐厅一侧，融入隔墙设计，降低柜体存在感。

柜体规划▶深度为 60 cm 的柜体可容纳大型电器，旁边的书柜则仿照书店，采用双层设计，以承重性能好的优质板材打造，兼顾便利性与安全性。

收纳技巧▶双层侧滑书柜可收纳业主的众多藏书和小物件，开放式设计方便拿取和放回，大大提升了柜体的使用效率。

具有较强承重性能的板材，可保证使用安全性

图片提供：光合作用设计

图片提供：光合作用设计

案例 17

置物架串联洗手台，打造轻盈生活空间

业主需求▶希望打造一个能妥善收纳书籍、玩具、盆栽与其他装饰品的空间。

格局分析▶室内空间有限，收纳柜只能利用卧室入口处的墙面来规划，但又担心会遮挡采光，以及柜体会带来压迫感等问题。

柜体规划▶结合金属与木质材料的镂空置物架，跨越了多道柜门，从地面延伸至天花板，最大限度地扩增了收纳空间。置物架选用饱和度低的色彩，可以起到柔化空间的视觉效果。

收纳技巧▶上方横杆可以吊挂装饰品和盆栽，中间层板可以摆放书籍和玩具，下方抽屉则用来收纳其他物品。柜体另一侧则延伸整合了转角洗手台，让这里成为轻盈的多功能区域。

图片提供：甘纳空间设计

抽屉的另一侧延伸整合了洗手台

案例 18

滑门书柜外观利落，化解空间横梁结构的问题

业主需求▶这间房需灵活使用，现阶段是业主的书房，未来则要变为儿童房。

格局分析▶这间房上方有横梁结构的问题。

柜体规划▶利用梁下空间打造了一整面书柜。横梁部分则用木制材料包覆修饰，打造出外观看似柜门的效果。

收纳技巧▶左下方是根据行李箱尺寸预留的空间，右侧抽屉可收纳文件与文具等用品。中层可收纳各种图书，外面打造了滑动柜门，平时关起来便可降低凌乱感。

摄影：Andy's Photography

抽屉适合收纳容易杂乱的文件与文具

书柜两面都能使用

案例 19

双层书柜兼具隔墙功能，镂空处可用作坐榻

业主需求▶现阶段需要游戏室和客房，以后则要给两个孩子打造出各自的独立卧室。

格局分析▶将客厅后面原来的房间规划为游戏室兼客房，采用掀床的形式，平时可收起来。空间目前多半用作游戏室。

柜体规划▶游戏室与餐厅之间的隔墙用双面书柜代替，中间镂空处可当作坐榻平台使用。平常可以将小拉门关起来，让房间保有私密性。

收纳技巧▶双面书柜收纳物品丰富，游戏室一侧的柜体还能作为玩具收纳区使用。

多功能

案例 20

多功能空间收纳墙

图片提供：光合作用设计

业主需求▶由于业主儿子偶尔回来小住，希望空间具备客卧、茶室等弹性功能，且可收纳电器。

格局分析▶多功能空间平时可用作客厅的延伸空间，因此考虑全开放式设计，兼顾美观性与方便性。

柜体规划▶收纳墙邻近客厅的一侧可收纳电器，中间部分是可以收纳下棉被的衣柜，内侧则是全隐藏式书柜。用实木饰条勾勒的倒U形轮廓延伸至天花板，无论拉门是开是合，都能保持家居空间整齐美观。

收纳技巧▶隐藏式书桌的左右和上方都有柜门，可通过预留的缝隙巧妙地藏在柜体内，下方则规划了双腿的伸展空间。贴心的设计细节可大幅提升使用时的幸福感。

图片提供：光合作用设计

双腿可舒服伸展

大容量 案例 21

多方向、多功能柜体打造多样收纳方式

业主需求▶ 夫妻俩常常旅行，也喜欢阅读，需要有可以展示与收纳书籍、旅行纪念品的空间。

格局分析▶ 住宅总面积只有 49.5 m^2，于是摆脱两间房的原始格局，通过复合式设计理念重新划分了空间。

柜体规划▶ 全屋隔墙几乎全部拆除，玄关处柜体为多方向设计，面向客厅的一面用层板提供收纳与陈列的空间。

收纳技巧▶ 用桦木板材打造的柜体，局部使用柜门作为隐藏式收纳区域。整个柜体线条简单干净，材料也较为单一，契合业主喜爱的纯粹的空间感。

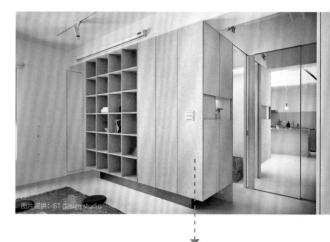

图片提供：ST design studio

隐藏式柜门后用来收纳较为杂乱的生活用品

多功能 案例 22

可调节高度，兼具陈列、收纳与猫跳台功能的层架

业主需求▶ 业主有收藏角色模型的爱好，喜欢开放式陈列收纳的方式。

格局分析▶ 66 m^2 的住宅重新调整格局，拆除部分墙面，打造开阔通透的空间感，延伸明亮的舒适氛围。

柜体规划▶ 拆除一间房后的书房，在墙面上打造了开放式层架，最上层空间则可以用来陈列角色模型。

收纳技巧▶ 层架可根据需求灵活调整每一层的高度，同时兼具猫跳台的功能。

层架可调节高度，同时也是猫跳台

图片提供：ST design studio

二、打印机、扫描仪、杂乱的电线，要怎么藏起来？

设计
关键提示

插座只要预先经过细心规划，就能从外观上隐藏起来

| 提示 1 |

无线连接让打印机走出书房

现在各种无线连接技术十分成熟，打印机不一定非得放在书房。可以将相关设备统一整合在家中的一个角落，用多功能柜体收纳，一次性解决收纳与线路杂乱的问题。

| 提示 2 |

复制办公室的无线概念

家中书房可仿照办公室的无线规划，让打印机无须跟着电脑移动，收纳起来更加方便，并且也解决了线路外露的杂乱感与清洁问题。插座则可规划在书桌或墙面上，避免因设置在低处带来的频繁弯腰以及不慎踢到会引起安全问题等麻烦。

图片提供：馥阁设计（FUGE）集团

将电脑藏在滑门内，线路可以规划在洞洞板后面，洞洞板上则可以陈列其他物品

|提示 3 |
将线路隐藏在书桌的背后或下方

可使用集线器将电源线、USB 线、网线等集中起来，再配合书桌或电脑桌上的出线孔，将线隐藏在桌后或桌下。在桌后或桌下设计一个和书桌一体的收纳盒，便可以将线材放置在里面，既好维修，又可以保持空间整洁。

|提示 4 |
书桌椅后方规划层架

利用书柜层板可灵活收纳各种尺寸的书籍和小型杂物。在家工作常用到的多功能打印机则可放置在椅子后方齐腰高的层架上，如此一来只要将椅子转个方向就能使用打印机。放置打印机的层架可以安装拉门，以解决凌乱感。

|提示 5 |
桌面运用凹槽和盖板收纳线路

书桌桌面可以打造凹槽空间，上方使用盖板，就能将各种杂乱的电线隐藏起来。如果习惯将打印机摆放在书桌下面，建议用抽拉层板代替一般的固定层板，这样以后更换墨盒、纸张会更为方便。

|提示 6 |
以垂直化概念打造柜体，满足收纳需求

当空间面积不大且兼具多重功能时，不妨引入垂直化概念，在横梁下方打造通顶柜体。柜体内部则设计不同的层格，使其既有传统书柜的功能，又有收纳扫描仪、打印机的功能。

|提示 7 |
线路可以藏在平台下

业主在家工作的地方可以打造成半开放式书房。将打印机放在桌子前方的平台上，利用平台的厚度隐藏与电脑的连接线，既可避免线路占用桌面或其他空间，又能让工作环境便利、清爽。

|提示 8 |
用收纳柜取代单纯支撑作用的桌脚

如果书房空间不大，但又必须收纳电脑设备、打印机等，建议采用结合收纳柜的工作桌，让收纳柜取代单纯支撑作用的桌脚。再搭配层板、使用滑轨，就能让更换墨盒和维修更加方便。

9个精彩的设备线路收纳设计

好整齐

案例 01
设备电线不外露，空间更整齐

线槽设计巧妙地隐藏了杂乱的电线

图片提供：演拓空间设计

业主需求▶ 业主有在家办公的需求，但又不希望设备和凌乱的电线露在外面。

格局分析▶ 微调隔墙位置，将书房纳入主卧空间，使其兼具卧室和办公室的功能。书房隔墙采用通透的玻璃材质，但刻意调整了书柜的位置，巧妙地遮住卧室以保护隐私。

柜体规划▶ 柜体采用L形排列方式，围合出书房区域。柜体两侧皆不做满，留出通往主卧的双向通道。

收纳技巧▶ 办公设备通通收在柜体下方，利用柜门遮掩，同时通过线槽设计巧妙地隐藏电线，让空间保持洁净。

收更多

案例 02
充分利用空间，规划迷你收纳柜

层格高度不一，可根据设备调整

图片提供：演拓空间设计

业主需求▶ 书房兼有客厅功能，但希望能有柜子专门收纳打印机等设备。

格局分析▶ 家具已固定好位置，只能从墙边寻找空间规划收纳柜。

柜体规划▶ 书房内规划了通顶柜体，满满的层格可供收纳书籍使用，也能摆放打印机等相关设备。

收纳技巧▶ 柜体内部左右两边都用层板打造，中间则除了层格还加了抽屉。层格高度各有不同，可根据打印机、扫描仪等设备的大小进行调整。

案例 03
将电线收进边柜内

超整齐

业主需求▶书桌是买的成品，电脑线、台灯线没地方藏，会显乱。

格局分析▶过去书房被安排在主卧内，无法和私人区域分隔开，工作和学习会打扰家人休息。

柜体规划▶将主卧墙面向后推，打造出开放且独立的书房空间，并倚着墙面设计了抽屉边柜。

收纳技巧▶在边柜最下层预留了收纳电线的空间，可将杂乱的电线隐藏起来，且不易落尘。

柜体最下层挖洞，把电线藏起来

磁铁白板可用作留言板或日常记录

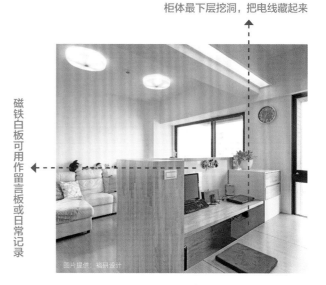

图片提供：福研设计

案例 04
柜体拉门内隐藏打印机

超好拿

业主需求▶在家工作常需打印文件。

格局分析▶大面侧墙配置通顶柜体，书桌椅则放置在柜体前方。

柜体规划▶整个柜体内均使用层板，外面安装了三扇白色大型拉门。

收纳技巧▶打印机设置在椅子后方、柜体中段的位置。业主坐在椅子上，转个方向推开柜门，就能取出打印的文件。

柜门可自由滑动到任意位置，无需起身就能使用柜体内隐藏的打印机

案例 05

格栅柜门可隐藏主机，还能散热

业主需求▶书房偶尔会当客房使用，线路设备需整齐美观。

格局分析▶用透明玻璃分隔出书房空间，增加视觉通透感。

柜体规划▶开放式收纳柜搭配下方抽屉，配合间接照明，无论展示的是书籍还是装饰品，都能有聚焦效果。

收纳技巧▶电脑主机可以收纳在书桌下方的柜体中，外面规划了可以散热的格栅柜门，提高实用性。

图片提供：演拓空间设计

侧板可隐藏凌乱的线路

案例 06

柜体移动灵活，人与宠物可在无障碍空间温馨互动

业主需求▶家庭成员为夫妻俩与一只宠物狗，期望新家能减少隔断，让家人和宠物有宽敞的活动空间。

格局分析▶除了客厅与书房之间的隔墙，用书桌搭配可活动的矮柜来界定区域，让该区域的空间功能保留最大的灵活性。

柜体规划▶沙发靠背矮墙，后方连接书桌和坐榻，中间的滑轮矮柜可以用来处理工作、收纳文件，还能圈出狗狗专属的休息区和宠物用品收纳区。

收纳技巧▶书桌旁的柜体内可收纳电脑设备，旁边矮柜上面的墙面上，洞洞板上安装了活动层板，可根据物品大小调整挪动，成为有趣、多变的展示端景。

可收纳电脑设备

图片提供：北欧建筑（CONCEPT）

图片提供：北欧建筑（CONCEPT）

案例 07

书柜结合猫跳台，让可爱身影伴随阅读时光

业主需求▶ 业主是一对有大量藏书的医生夫妻，家中还养了 4 只猫，希望能享受宅在家里的阅读时光，并让猫咪的可爱身影随时伴随左右。

格局分析▶ 书房最右侧与过道衔接，因此柜墙右端以开放层板加上侧边的倒圆角设计，能提升安全性与视觉上的通透感。

柜体规划▶ 在书房背景墙打造了一整排大容量储藏柜和展示层架。层架的每层高度略有变化，可摆放开本较大的精装书。封闭式柜体的侧板上挖出圆形洞口，搭配黄铜猫跳台，在满足收纳需求之外，还能让猫咪自由穿梭。

收纳技巧▶ 书柜与书桌之间用定制板材设计出连接桥，让猫咪能轻松上桌与主人互动。桌子侧面另有集线器与主机柜，避免猫咪抓咬电脑设备。

图片提供：权释设计

桌子侧边有集线器和主机柜

多功能

案例 08

多功能柜体整合多个设备

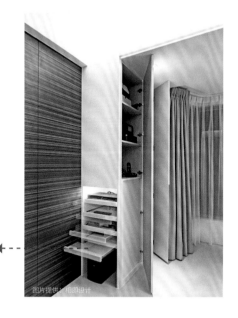

抽拉层板好用也好清洁

图片提供：柜即设计

业主需求 ▶ 希望将工作区域隐藏起来，但也要保证使用方便。

格局分析 ▶ 将收纳柜规划在客厅、厨房之间的临窗处。

柜体规划 ▶ 通过无线网络连接技术，采用多功能柜体的概念，整合打印机、路由器、音响等设备，收纳在公共区的中央位置。

收纳技巧 ▶ 用平板抽屉的方式收纳，使用时拉出即可。

超整齐

案例 09

打印机藏在桌面下，杂乱感看不见

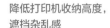

降低打印机收纳高度，遮挡杂乱感

图片提供：相即设计

业主需求 ▶ 打造一个能让孩子专心读书的空间。

格局分析 ▶ 在这个位于顶楼的宽敞空间内，设计师将动线一分为二，分为家教老师讲课的动线和孩子读书的动线。

柜体规划 ▶ 将家教老师讲课的台面下方作为打印机收纳空间，台面后方为黑板漆墙面，可以用来教学。台面的另一端则为孩子的学习空间。

收纳技巧 ▶ 打印机收纳空间为开放式，使用起来方便灵巧，而且因为降低了高度，所以在视觉上自然地遮挡了收纳的杂乱感。

第六章　卧室

一、衣服有的要平放、有的要悬挂，衣柜如何规划才能更好用？

图片提供：馥阁设计（TEOS）集团

利用开放式陈列的吊挂方式进行收纳，充分使用空间

| 提示 1 |

善用配件，让收纳更便利

收纳设计搭配配件，能提升使用的便利性。比如，根据需求，可选择拉篮、衣杆、裤架、领带或皮带架、挂钩、层架、镜架，以及内衣、袜子分隔盘等配件。这些配件都有侧拉式设计，即使较小的衣帽间也能方便使用。

| 提示 2 |

不同的衣帽间，规划也不一样

衣帽间应根据收纳习惯和衣物种类来做规划。如果是独立式衣帽间，可采用开放式设计，便于拿取衣物；如果是在转角的 L 形区域，则建议采用 U 形旋转衣架，不仅可以增加收纳量，还能避免开放式层板可能会造成的凌乱感。

图片提供：相即设计

由于业主收纳量需求较高，因此在床头做了一整面墙的收纳柜，中间内凹部分既可随手收放物品，又可减轻柜体的沉重感

| 提示 3 |

根据需求规划柜体，才能方便收纳

衣帽间中的衣物收纳需要考虑重量与拿取的便利性。一般来说，最常穿的衣服放在中间，较重的裤子、裙子挂在下方，换季用的棉被则放在最上层。此外，还可以将衣物分成使用中与清洗过两类，收放和拿取也很方便。若空间许可，内衣、居家服及浴袍等可以放在离卫生间较近的衣柜里，与外出的衣服分开。总之，在打造衣物收纳柜时，可以按照不同的原则进行设计。

| 提示 4 |

设计双层挂衣杆，让收纳量加倍

在空间允许的情况下，设计上下两杆的形式并提高其中一个挂衣杆的高度，可以让收纳量倍增。为解决上杆衣物的拿取问题，最好采用可调整高度的设计，以方便不同身高的业主使用。

| 提示 5 |

收纳方式影响柜体内部规划

除了衣物的数量与种类，收纳方式也会影响衣物的收纳规划。例如牛仔裤，有的人习惯卷起来，适合收纳在格状柜中；有的人则喜欢折叠起来，这样更适合使用抽板收纳。

| 提示 6 |

厘清衣物数量与种类，提升收纳功能

在同一空间中，衣物种类分得越清楚，就越能提升收纳量。精准地掌握每个区域所需空间的大小，便可避免预留空间过大导致的浪费。例如，可折叠衣物越多，就越能节省使用空间。

| 提示 7 |

精确挂衣杆高度，充分利用收纳空间

根据衣物尺寸，可精确计算挂衣杆的高度。比如挂衣杆的一般高度为 90 ~ 110 cm，若衣柜高 180 ~ 200 cm，就可以规划使用上下两杆。长衣区的挂衣杆高度一般为 150 ~ 180 cm，上下方还可以规划其他收纳功能。

| 提示 8 |

根据不同收纳方法分区配置

如果空间足够规划出衣帽间的话，不妨采用双排高柜的设计方式，并根据收纳方法分区配置。例如吊挂的衣物集中放在一侧，折叠衣物集中放在另一侧。

24个精彩的衣柜设计

图片提供／方构制作空间设计

超轻透

案例 01

透光透气、若有似无的衣帽间收纳界线

业主需求▶ 主卧配置了专业的音响设备，业主希望无论休息、更衣还是整理物品，都能随时随地、无障碍地享受音乐。

格局分析▶ 用金属网作为隔断材质，划分出睡眠区与收纳区，既不会阻碍采光和空气流通，也不会妨碍听音乐。

柜体规划▶ 狭长的衣帽间中，开放式挂衣杆、活动层板可任意调整吊挂与叠放的容量，实现灵活且强大的收纳功能。金属网比一般墙体轻薄得多，能充分利用每一寸空间。

收纳技巧▶ 抽屉柜最上层分隔出实用的收纳小格，可将饰品、手表、领带等小物件分类放置。在上方"Π"形金属吊杆中嵌入了线形灯，以提供照明。

金属网透气又透光

图片提供：方构制作空间设计

案例 02
两排柜墙分别收纳
吊挂和折叠衣物

不便折叠的衣服可以放在开放式吊柜内

底部的抽屉可收纳折叠的衣服

业主需求▶需要收纳量大且便于选配服饰的衣帽间。

格局分析▶利用床头后方空间打造了两排柜墙，隔出一个衣帽间。

柜体规划▶一面柜墙底部的两排抽屉可用来收纳折叠的衣服。对面柜墙则打造了开放式衣柜，上下吊杆可悬挂外套与裙、裤等。

收纳技巧▶吊杆用镀钛金属板凹折成形，凹槽内隐藏了 LED 灯，为衣服提供充裕的柔和照明，让挑选衣物时更加轻松。

案例 03
善用夹层空间打造收纳功能

圆洞设计方便拉取柜体

业主需求▶儿童房为 LOFT 中的夹层，以爸爸职业中的航海元素为灵感，且需打造收纳衣柜。

格局分析▶利用楼梯侧边与部分船身造型的下方空间打造衣柜，并以抽拉的方式进行设计。

柜体规划▶衣柜位于中枢地带，串联书桌、楼梯以及上方的游戏空间，设计美观，兼具收纳功能。

收纳技巧▶以承重性能好的板材打造柜体，使其具备超强承载力。柜体侧面的洞口设计，方便拉出柜体，拿取衣物。

案例 04
拉篮下加装滑轨，拿衣服更方便

业主需求▶空间狭小，但仍希望满足基本的收纳需求。

格局分析▶房间面积不大，只能利用畸零空间打造柜体。

柜体规划▶利用窗与墙的畸零空间规划了一个瘦长的衣柜，内部又细分成吊挂区与拉篮区，方便收纳不同收纳方式的衣物。

收纳技巧▶拉篮下方使用滑轨，轻轻抽拉便能将衣物取出来，非常方便。

拉篮内放折叠衣物，找衣服更快速

图片提供：摩登雅舍室内装修

案例 05
高柜与矮柜结合，充分利用空间

业主需求▶业主夫妻俩衣物不少，希望有一个完整的收纳衣服的空间。

格局分析▶卧室内有多余空间，可沿墙面和窗边来设计衣帽间。

柜体规划▶墙面高柜采用开放式设计，窗边矮柜则采用封闭式设计。柜体内融入各种收纳方式，功能齐备。

收纳技巧▶高柜内配置了吊杆与拉篮，矮柜则配置了抽屉与层板，都可以根据衣物的收纳方式安排适合的区域，将柜体功能发挥到极致。

抽屉和层板搭配，收纳起来更整齐

图片提供：摩登雅舍室内装修

抽拉式设计方便拿取，也节省空间

省空间

在床头墙面打造抽拉衣柜

业主需求▶孩子的衣服会随年龄增长而不断变化，需要为衣柜的使用做好长远规划。

格局分析▶空间面积有限，因此沿墙面打造收纳柜体。

柜体规划▶在床头后面的墙面打造柜体，设计为抽拉式，侧面安装大型把手，拉取时非常方便。

收纳技巧▶上下两个挂衣杆之间加了层板，除了可以吊挂衣物外，衣服下方与层板之间的小空间也能收纳折叠的衣服。

图片提供：摩登雅舍室内装修

格子玻璃引入光线

挂衣杆方便拿取衣服

 好拿取

案例 07
一周穿搭式的精品收纳法

业主需求▸精品衣物众多，除了追求好收纳，还希望能让每天的穿搭更有效率。

格局分析▸原来的衣帽间没有对外开窗，需要解决采光问题。

柜体规划▸将衣物收纳从密闭的柜体中释放出来，选用玻璃材质打造衣帽间，可引入卧室的自然光。衣帽间内主要采用吊挂方式收纳。

收纳技巧▸以一周穿搭的概念来设计，让业主事先选好本周要穿的衣物，用上下前后跳跃式的挂衣杆将这些衣物按类型区分吊挂。

图片提供：甘纳空间设计

好分类

案例 08
双层衣柜，分类设计

业主需求▶有另一间卧室可放置换季衣物，希望主卧衣柜能特别一点。

格局分析▶主卧可供打造衣柜的空间深1.1 m、宽2 m，规划成一般的衣柜会显得太小也太挤。

柜体规划▶采用拉门式衣柜设计，内侧深40～45 cm的空间打造成层架、拉篮、抽屉等形式，外侧则以吊挂区为主。

收纳技巧▶只要将外侧吊挂的衣物移到另一边，就能拿取内侧折叠的衣物。

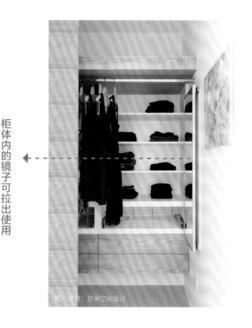

柜体内的镜子可拉出使用

图片提供：甘纳空间设计

超好收

案例 09
双层衣柜容纳一家人的衣服

业主需求▶业主一家三口人，衣服有很多，样式和长度都不一样，业主不想把穿过的衣服收进衣柜里。

格局分析▶49.5 m² 的住宅，只有打造成复合式功能，才能达到更理想的使用效果。

柜体规划▶打造双层衣柜，多一层收纳空间，使用轨道可以让柜体前后移动。

收纳技巧▶前后双层衣柜的设计可将一家人的衣服分类收纳。搭配挂衣杆、置物格、抽屉等配件，可满足各种衣物的收纳需求。

挂衣杆上方设有光源，找衣服更方便

图片提供：力口建筑

优质的金属轨道可让柜体移动更加顺畅

案例 10

用布帘、挂衣杆打造简洁的临时收纳区

业主需求▶希望能与原来的家居风格有所区分，营造截然不同的轻松氛围。

格局分析▶已有独立收纳区，且卧室与卫浴空间连接在一起，因此无需再打造庞大的衣柜。

柜体规划▶简单打造了一个可随时更换衣物的临时收纳区。用挂衣杆作为收纳区的主体框架，外罩深绿布帘，呼应睡眠区主色调，且可满足遮蔽功能。

收纳技巧▶高低挂衣杆为不同衣物提供了分层悬挂的空间，下方错落的木质平台上可摆放行李包、手提袋等，抽屉则方便收纳内衣、备用品等小物件。

平台可收纳手提袋和行李箱

图片提供：甘纳空间设计

图片提供：甘纳空间设计

高效率

案例 11

从地板延伸至天花板的高效收纳衣柜

抽屉适合收纳贴身衣物

图片提供：尚君设计

业主需求▶需要简洁方便、一目了然的收纳区规划，灵活设计过道动线。

格局分析▶衣帽间位于主卧与卫生间之间的过道，需妥善利用 L 形转角空间，以满足衣物的收纳需求。

柜体规划▶开放式柜体从地板延伸至天花板，搭配使用挂衣杆、抽屉和层架等，以收纳不同类型的衣物。

收纳技巧▶采用悬浮式挂衣杆与开放式层架，让大部分衣物都能展示陈列。将贴身衣物藏于抽屉中，上方空间则收纳过季的棉被、衣服等。

超好收

案例 12

打造定制的专属好用收纳柜

不装柜门，方便拿取衣物

图片提供：禾光室内装修设计

业主需求▶业主有大量的衣物收纳需求。

格局分析▶衣帽间主要收纳夫妻俩的衣物，因此安排收纳空间一人使用一边。再根据各自的衣物类型，规划吊杆、拉篮、抽屉等配件的搭配形式与数量。

柜体规划▶收纳柜左右分配，为夫妻俩打造不重叠的行走顺畅的动线。

收纳技巧▶收纳柜一律不安装柜门，方便业主挑选衣服。内衣等贴身衣物则收纳在私密性高的抽屉里。

123

三层滑柜打造充足的收纳空间

图片提供：尧丞希设计

功能强

案例 13

善用小空间，让收纳做好做满

中间藏有穿衣镜

业主需求▶主卧衣柜空间有限，需容纳两人的衣物及外出行李箱。

格局分析▶衣柜旁边刚好是隐藏了电箱的隔墙，因此只能在 110～120 cm 的宽度内进行设计。

柜体规划▶定制柜体利用三层滑动衣柜满足吊挂和折叠衣物的需求，右侧墙面刚好深度为 80 cm，可收纳行李箱。

收纳技巧▶衣柜内层上方可收纳换季时的棉被，中间可收纳吊挂或折叠的衣物。中间一层是推拉式穿衣镜。外层打造了柜门和抽屉，可收纳内衣裤等。

图片提供：尧丞希设计

收更多

案例 14
组装式收纳柜可按照习惯自由搭配

业主需求▶因为衣服很多，希望能有独立的衣帽间。

格局分析▶在挑高空间打造独立衣帽间。

柜体规划▶在挑高空间使用组装式收纳柜，满足业主的收纳需求。

收纳技巧▶组装式收纳柜可让业主按照自己习惯的收纳方式进行规划，选择挂衣杆、层板或抽屉来进行搭配，方便拿取。而超过收纳柜高度的空间则用来收纳换季衣物和行李箱等。

组装式收纳柜可实现灵活收纳

超好收

案例 15
衣柜内衣物分区收纳，并巧用畸零空间打造衣帽柜

业主需求▶衣物较多，希望有一整面衣柜满足收纳需求，并希望有收纳使用过的衣物和外出背包的衣帽柜。

格局分析▶卧室门后有畸零空间，如果不能妥善利用，就会非常浪费。

柜体规划▶在床边设计了整面衣柜，并善用门后畸零空间打造了开放式衣帽柜，用来收纳穿过的外套与外出背包。

收纳技巧▶衣柜内分为三部分：中间的挂衣杆用来吊挂常穿的衣物；上方挂衣杆用来吊挂长大衣等；下方则规划为拉篮，用来收纳轻便、贴身的衣物。

吊挂穿过的衣物

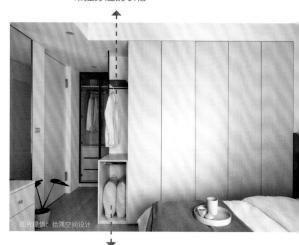

可收纳常用的外出背包

案例 16

柜体分区使用，
满足各式收纳需求

业主需求▶业主是一对退休夫妻，衣物不多，希望卧室内除了衣柜，还能有收纳其他物品的空间。

格局分析▶衣柜的正上方有根大梁，为了增加收纳容量，在梁下设计了一组高柜。

柜体规划▶业主的衣物不多，因此将长度为350 cm、深度为60 cm的白色柜体分区使用，右侧三组封闭式柜体为衣柜部分，左侧开放式柜体作为收纳其他物品的区域。

收纳技巧▶封闭式柜体中设置了很多抽屉和层板，便于业主将衣物分类收纳。左侧开放式柜格可供业主展示收藏品，也能放置较常拿取的吹风机等物品。

柜体内部用层板隔层，方便分类

图片提供：柯设计

案例 17

衣帽间不仅可收纳、可玩乐，
还可界定区域

业主需求▶以亲子互动的概念打造室内空间。

格局分析▶在全屋打通的空间中，设计师以衣帽间作为睡眠区与公共空间的过渡区域，并打造了可以在此玩耍的环形动线。

柜体规划▶衣帽间除了内部设计了衣物吊挂功能，其外立面也被设计了不同的功能：一面以黑色亚光美耐板搭配底部钢板，打造成孩子的涂鸦黑板；另一面则使用洞洞板，可以吊挂衣物。

收纳技巧▶柜体上方与天花板之间嵌入边栏，可收纳冲浪板、滑雪板、行李箱等，收纳功能一应俱全。

最上面可以收纳冲浪板和行李箱

图片提供：筑乐居

柜格从下到上可按使用频率
高低依次排列物品

图片提供：构设计

收纳睡前读物与玩具

案例 18
整面柜墙满足二孩卧室收纳需求

图片提供

业主需求▶卧室需要容纳下两个孩子的睡眠空间，并满足各类物品的收纳需求。

格局分析▶卧室上方有根很大的横梁，在横梁下方打造通顶柜体，从而增加卧室的收纳空间。

柜体规划▶墙柜分为上下两部分，上边是封闭式衣柜，下边邻近床铺，打造镂空柜格作为孩子的床头柜。

收纳技巧▶上方柜体内部为活动层板，能根据使用需求灵活调整高度；中间为镂空的床头柜，可让孩子方便收纳床前的故事书或玩具；下方是上掀式柜体，可收纳换季棉被等物品。

简洁利落的金属挂衣架提供吊挂功能

图片提供：虫点子创意设计

 好拿取

案例 19
金属"Π"形挂衣架可
轻松吊挂衣物

业主需求▶有大量需要吊挂的衣物，希望衣帽间能
满足需求，并帮助业主轻松搞定每日穿搭。

格局分析▶衣帽间位于主卧旁边和卫生间的正前
方，是一个狭长形空间。墙面外是过道，从侧面设
计了开口，可引入光线，也增强了私密性。

柜体规划▶为了充分利用空间，衣帽间内用金属材
质结合木板打造了"Π"形挂衣架，并规划出便于
更衣的空间。悬空式矮柜则可缓解柜体的笨重感。

收纳技巧▶靠近过道一侧的挂衣架规划为两层，上
下都可以使用。靠墙面一侧则设计了总长约 300
cm 的矮柜，便于收纳折叠的衣物。

收更多 案例 20
L 形柜体收纳区可满足不同衣物的收纳需求

业主需求▶需要有足够的空间收纳折叠和吊挂的衣物，以及换季棉被、被单等床品。

格局分析▶由于主卧空间只有 6.6 m²，因此利用床的上方和左侧空间设计了收纳柜。

柜体规划▶为了提高空间利用效率，卧室中规划了 L 形收纳区域，设计了深 35 cm、高 100 cm 的吊柜，以及通顶高柜。

收纳技巧▶吊柜可收纳折叠的衣物，吊柜下方镂空，使用间接照明，以降低柜体压迫感。旁边的通顶高柜能收纳吊挂衣物和棉被等。

图片提供：虫点子创意设计

通顶高柜可收纳吊挂衣物

电视机后方空间不浪费，也能收纳衣服

图片提供：相即设计 摄影：Andy's Photography

超能收

案例 21
超大容量衣柜兼为电视墙

图片提供：相即设计 摄影：Andy's Photography

业主需求▶业主衣服很多，除了需要收纳空间，还想在卧室看电视。

格局分析▶主卧床尾过道有 70 ~ 80 cm 宽，需在有限空间内满足生活功能。

柜体规划▶利用主卧床尾对面的墙面打造了一整面衣柜。考虑到柜门厚度约 5 cm，若使用平开式柜门，再悬挂电视机，会让过道变窄，因此安装了推拉门，使柜门可以平移，不多占空间。

收纳技巧▶柜体使用推拉门，电视机后面的空间也可以充分利用起来，不会浪费。下方搭配抽屉，可收纳影音设备、配件和折叠的衣物等，左右两侧衣柜则适合悬挂大衣或收纳行李箱。

超能收 ▶ 案例 22

多向柜体提供多种收纳形式，让空间得到最大化利用

图片提供：馥阁设计（FUGE）集团

业主需求 ▶ 需要摆放供桌，儿童房也要有足够的衣柜进行收纳。

格局分析 ▶ 99 m² 的空间需规划成三室两厅，必须让每个空间都能得到最大化利用。

柜体规划 ▶ 在玄关和儿童房之间打造了一座多向柜体，通过外观的线条分割，巧妙地将把手隐藏其间，同时也有装饰功能，可淡化柜子的存在感。

收纳技巧 ▶ 面向儿童房的部分打造成衣柜。中间一面展示空间的下方隐藏了深度约 200 cm 的储物柜，可通过滑轮、轨道等配件轻松拉出使用。面向玄关的部分则是镂空展示柜。

小朋友专属的衣柜 ◀ - - -

- - - ▶ 深约 200 cm 的储物柜

图片提供：馥阁设计（FUGE）集团

案例 23
小户型住宅的强大收纳设计

业主需求▶这是业主夫妻俩退休后的居所，两个孩子偶尔会来留宿陪伴，需要收纳衣物和床品。

格局分析▶空间仅有 33 m^2 左右，高度有 3.6 m，必须充分利用高度，从而提高空间利用率。

柜体规划▶在合适的距离打造了 3 个可互动又能保护隐私的柜体，并适当搭配开放式收纳设计，让空间保有通透性。

收纳技巧▶邻近玄关的第一个柜体整合了衣柜、储藏柜、开放式层板等功能，里面的黑色柜体，上面床头后方的展示层架和抽屉可收纳棉被等。与两个柜体连接的通顶柜体同样也是衣柜。

柜体上方可作为睡眠区

图片提供：黐阁设计（FUGE）集团

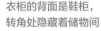

衣柜的背面是鞋柜，转角处隐藏着储物间

图片提供：黐阁设计（FUGE）集团

案例 24

桦木柜体打造丰富储藏空间，兼衣帽间功能

业主需求▶居住人只有业主夫妻俩，希望动线流畅，且有很多衣服需要收纳。另外，业主不喜欢传统的门框和门，希望变换一种形式。

格局分析▶全屋住宅面积只有 49.5 m²，规划为两室格局，并打破了传统的墙与门的形式，重新定义了小户型的隔墙与生活动线。

柜体规划▶拆除原始隔墙，在空间的中央打造了 3 个大小不等的柜体作为衣帽间，环绕动线让人从玄关也能直接通往这里更换衣服。

收纳技巧▶面向卧室的柜体中，用桦木合板打造开放式衣柜部分，用灰色板材打造抽屉部分。住宅高度有 3 m，因未做吊顶，柜体上方可以放置不常使用的物品或行李箱。

环绕式动线可为衣帽间引入阳光与自由流通的空气

图片提供：ST design studio

与天花板之间的空间还可以放行李箱或杂物

图片提供：ST design studio

二、护肤品放在桌面上不好看，
如何设计才能好拿又不乱？

设计 关键提示

图片提供：希丞希设计

利用衣柜的侧面打造开放式柜格，可整齐摆放护肤品、化妆品等，又不会被入口处直接看到

| 提示 1 |

不正对入口的开放式设计

当满手卸妆油需要擦手或眼线不小心画歪急需纸巾时，还要开门或打开抽屉才能拿到，这种情况总是令人困扰。解决办法就是做开放式设计，只要把握不正对入口的原则，就能让外观保持美观整洁。

| 提示 2 |

使用金属层板打造多样护肤品收纳区

梳妆台通常是主要的护肤品收纳处，结合金属层板，可增加自己需要的网篮、镜子、侧拉抽屉等多功能配件。常用的化妆品可以开放式摆放，这样拿取比较方便。

图片提供：演拓空间设计

梳妆台采用嵌入衣柜的设计，可避免产生畸零空间；利用雾面拉门隐藏化妆镜，可避免让镜面正对床

|提示 3|

梳妆台与收纳柜整合

若护肤品数量众多，或者家中空间有限，与其打造一个庞大的梳妆台，不如利用复合式概念，将梳妆台与收纳柜合并，减轻过多柜体所带来的负担，实现共享收纳空间的效果。这是比较经济、美观的方式。

|提示 4|

层板板材跨距可以设为 60 cm

梳妆台、衣柜若采用定制柜体的方式，可以打造得更加舒适、美观，并能满足大部分收纳需求。需注意的是层板板材是否足够坚固，因为这会影响使用感受。一般层板的跨距可以设为 60 cm，建议最长不要超过 80 cm，避免因过度载重而变形。

|提示 5|

在抽屉内以分格形式收纳

如果不喜欢将化妆品放在桌面上或者担心显得凌乱的话，建议在抽屉内设计分格，将化妆品收进抽屉里。分格设计能整齐地摆放每个化妆品，不但容易拿取，而且能一目了然地看到所有物品。

|提示 6|

在梳妆台面上设计凹槽，收纳化妆品

梳妆台是女性最重要的化妆场所，为了配合女性的使用高度，镜面通常可以设计在离地面 85 cm 左右。面对高矮不一的化妆品，强行设定一个收纳高度，可能反而不好使用。不妨在化妆台面设计一个深 15 ~ 20 cm 的小凹槽，这样就能一次性解决各类化妆品的收纳问题了。

|提示 7|

梳妆台同时规划白光和黄光，让化妆效果更佳

白天和夜晚的光线条件不同，会影响化妆的方式。因此设计梳妆台时，建议同时规划黄光和白光，这样无论何时都能使用到合适的照明光线，让化妆效果更佳。

8个精彩的梳妆柜设计

案例 01
用上掀板扩增梳妆功能

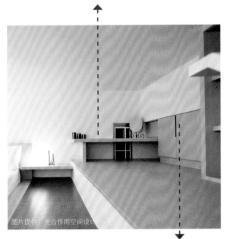

L 形平台可确保窗户使用不受影响

图片提供：光合作用空间设计

上掀式挡板内收纳着大量护肤品

业主需求▶瓶瓶罐罐的护肤品数量有很多，尺寸又不统一，需妥善收纳。

格局分析▶夹层侧面有横梁，且与采光窗在同一位置，若用柜体遮挡横梁，担心会影响采光。

柜体规划▶在横梁处打造了宽 128 cm、深 40 cm 的 L 形平台作为化妆区，确保采光不受阻碍，再用上掀式挡板遮挡杂物。

收纳技巧▶上掀式挡板不影响动线，内部可以灵活摆放化妆品的瓶瓶罐罐。

超好找

案例 02
让柱体变身指甲油展示柜

层板前缘加高，降低指甲油瓶身掉落的风险

图片提供：尚展空间

业主需求▶女主人经营一家指甲油公司，需要墙面展示大量产品以供评赏。

格局分析▶主卧与梳妆间有柱体，电视柜与通往卫生间的过道相邻，形成回转动线。

柜体规划▶沿柱体横向打造了一个展示柜，内部划分出 11 层深度约 12 cm 的分层。

收纳技巧▶米白底色的开放式层架让多彩指甲油尽情绽放魅力。除了一目了然、取用方便外，浅色也减少了产品重叠及被遮挡的可能。

二合一

案例 03

梳妆台与衣柜整合

将电视机后面的闲置空间打造成开放式层架用来收纳

业主需求▶ 需要有收纳护肤品的空间，但又不想让化妆镜对着床。

格局分析▶ 三扇推拉门内，从外到内依次是衣柜、电视柜、梳妆台。

柜体规划▶ 柜体厚度为 45 cm，梳妆台下还可以容纳一个凳子。

收纳技巧▶ 中段的层板为常用护肤品的收纳空间，右边则延伸利用了 35 cm 电视柜的闲置空间。

好顺手

案例 04

梳妆台兼为床头板

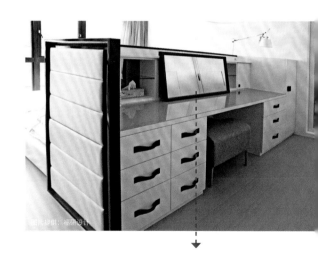

镜子可左右移动，遮住凌乱空间

业主需求▶ 女主人希望护肤品、化妆棉等化妆用品能收纳得更整齐。

格局分析▶ 卧室拥有绝佳的观景视野，床必须面朝窗户设计。

柜体规划▶ 在床头板的背后打造梳妆台，包裹式设计让区域更有整体感，且更节省空间。

收纳技巧▶ 可推拉的镜面设计能轻松隐藏瓶瓶罐罐带来的凌乱感，且取用护肤品的时候也非常方便。

超创新

案例 05
抽板让床头柜变身梳妆台

业主需求▶ 有一些基本的护肤品，希望有个小空间收纳。

格局分析▶ 一进门就是客厅，没有可规划为玄关的空间。

柜体规划▶ 在床边打造了床头柜，其中除了抽屉，还安装了抽板。抽屉里可收纳基本的护肤品，抽板则可以当作简易的梳妆台来用。

收纳技巧▶ 抽屉与抽板都安装了优质金属轨道，拉取时更便利。

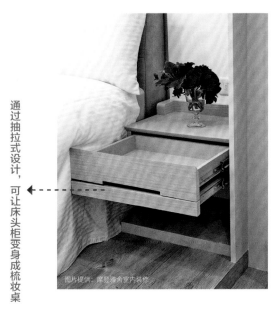

通过抽拉式设计，可让床头柜变身成梳妆桌

图片提供：摩登雅舍室内装修

二合一

案例 06
打造符合业主站着化妆习惯的梳妆柜

业主需求▶ 业主原来习惯站在卫生间镜子前化妆，希望化妆柜也适合站着使用。

格局分析▶ 卫生间紧邻衣帽间，再加上业主习惯，梳妆柜部分的设计区别于一般设计。

柜体规划▶ 在衣帽间的一个柜体中设计了抽板，以及收纳化妆品的抽屉。

收纳技巧▶ 由于业主使用习惯的关系，柜体形式和高度都量身定制，这样的设计可大幅提升使用友好度。

抽屉可收纳护肤品

图片提供：禾光室内装修设计

抽板能当桌板使用

案例 07

薄型柜体可收纳护肤品，还可以遮挡视线

业主需求▶业主希望能集中收纳护肤品，方便寻找及拿取。

格局分析▶一进卧室门便能直接看到床，视线略有些尴尬。

柜体规划▶在卧室入口处从天花板向下用磨砂玻璃加装了一道隔墙，连同木质柜体，可满足护肤品的收纳需求。

收纳技巧▶薄型柜体内规划了不同层格，方便分类收纳，并在外侧安装柜门，关上后能让柜体显得干净整齐。

收纳柜同时也是卧室隔墙

图片提供：摩登雅舍室内装修

案例 08

柜体中打造像珠宝盒一样的化妆桌

业主需求▶想要在收纳护肤品的地方打造一个化妆桌。

格局分析▶房间不到 4.95 m²，只能沿墙面寻找畸零空间打造柜体。

柜体规划▶利用窗与墙之间的畸零空间，将抽屉和化妆桌板嵌入其中，再使用滑轨做抽拉设计，实现业主渴望的收纳与使用需求。

收纳技巧▶桌板和抽屉安装了轨道，方便拉出使用。抽屉内部是以类似珠宝盒的概念进行设计，层格内可放入各式各样的护肤品。

抽拉式设计让化妆桌隐藏在柜体中

图片提供：摩登雅舍室内装修

139

三、棉被和大小不一的行李箱，
可以有哪些收纳形式？

设计
关键提示

图片提供：虫点子创意设计

将木地板架高直接作为床，床的下方设计了抽拉柜，可以收纳用真空压缩袋打包的棉被

| 提示 1 |

用床下空间收纳被子更方便

棉被属于体积大但重量轻的物品，因此一般都是收到衣柜上层或是储藏室，但数量多的话，会很占地方。如果可以用床下来收纳，便有足够的空间放入多套被子，省下其他的收纳空间，从而很好地解决换季的收纳困扰。

| 提示 2 |

上掀式床板要注意载重安全

床下收纳设计有两种形式，一是抽屉式，二是上掀式。需要注意的是，如果是上掀式床板，打开掀板时要承载床垫与床板的重量，要考虑女性使用的方便性与安全性。可以请设计师与厂商提供适合的设计和安全的产品。

只有打开柜体侧面的柜门，才能推动柜体中间的柜门，以此方式来设计床头衣柜，既不影响开启平开式柜门，又能根据使用空间来左右移动推拉式柜门

提示 3

床头柜宽 30 ~ 40 cm，也可用来收纳棉被

一般床头柜最好使用的宽度为 30 ~ 40 cm，高度则要配合床的高度，通常设置为 60 ~ 70 cm。有些床头柜也可以用来收纳棉被，除了上掀形式，正面打开更好拿取。

提示 4

衣柜内设计竖向柜格收纳棉被

换季棉被过去多收纳在衣柜上层，现在也有人收纳在衣柜下层，或者在衣柜中用直立搁板打造竖向柜格进行收纳。但这种方式最好用真空压缩袋辅助，如此一来需要的空间就不用太大。

提示 5

地面无障碍，行李箱能直接推入收纳空间更方便

行李箱有一定的尺寸跟重量，建议收纳在储藏室，或是大型衣柜、鞋柜的下方。要注意避免地面上的框架和门槛设计，能直接将行李箱推入收纳空间是最便利省事的。

提示 6

使用频率决定行李箱的收纳地点

一些使用频率低的行李箱直接放在衣柜上方就好。但若是使用频率高的行李箱，建议直接放进衣柜下方或储藏室等便于拿取的地方更好。

提示 7

善用衣柜冷门角落收纳行李箱

衣柜的最高处与最低处都是使用比较不方便的地方，适合规划为收纳行李箱的空间。除了按照使用频率决定收纳地方，还可以根据行李箱的大小来判断。较轻便的登机箱或软式行李箱适合放在高处，较大型的行李箱收在低处，既方便又安全。

提示 8

地板下收纳柜应使用专用吸盘打开

地板下的收纳柜大都使用按压式把手，虽开取简单，但时间久了，容易因面板重量造成故障，或把手内堆积灰尘也会出现障碍。如果能用地板专用吸盘开启，柜门与地板面便能实现一体化，且能缩小板材之间的缝隙。

8个精彩的行李箱、棉被收纳设计

双向推拉门，使用更便利

图片提供：合砌设计

超好收

案例 01

善用凹角空间收纳行李箱、高尔夫球袋，还整合了电箱

业主需求▶业主平常有打高尔夫球的休闲爱好，希望高尔夫球袋和行李箱可以方便拿取。

格局分析▶住宅进门后，右侧有一个深度超过90 cm、宽度210 cm的凹角结构。若是将此空间打造成鞋柜的话，深度太深，难以使用。

柜体规划▶在这个凹角空间用磨砂玻璃推拉门打造了一个储藏空间，推拉门可双向推开。

收纳技巧▶打开推拉门，右侧能直接推入行李箱，进出家门时拿取高尔夫球袋也更加便利，左侧则设有挂衣杆和抽屉。这个储藏室还同时整合了电箱。

图片提供：合砌设计

案例 02

利用挑高空间打造的 天花板收纳柜

业主需求▸业主喜欢开阔优雅的空间感,希望设计出足量的收纳空间,让杂物隐于无形。

格局分析▸空间具有 3 m 的高度优势,但窗户几乎都集中在右侧,因此应尽量将柜体规划在左侧,以避免影响采光。

柜体规划▸厨房的橱柜和卫生间的门整合在一个深色的立面上。柜体表面涂刷了特殊涂料和金属漆,打造出手工质感和金属的光泽与肌理。

收纳技巧▸没有将高挑的楼板打造成夹层,而是将橱柜加高,在餐厨区上方增设了天花板收纳柜,可放置使用频率较低的行李箱与季节性杂物、备用品。

增设天花板收纳柜,
可放置使用频率低的物品

图片提供:质觉制作 Being Design

图片提供:质觉制作 Being Design

案例 03

床下增设抽屉，增加收纳量

业主需求▶住宅是 49.5 m² 的新房，在只有 6.6 m² 的主卧中，需要满足业主衣物、床品的收纳需求。

格局分析▶主卧虽为长方形格局，但是面积不大，因此将收纳柜打造在墙面上半部，下面则规划了床具。

柜体规划▶由于空间有限，将床设计成榻榻米形式，下方增加抽屉用于收纳，临窗处柜体使用了上掀式柜门。床头一侧墙面设计了吊柜，增加收纳量。

收纳技巧▶床的下方设计成方便抽拉的抽屉，便于拿取物品。临窗处柜体使用上掀式柜门，便于收纳棉被等床品，吊柜则可以收纳衣物。

床头还藏有上掀式柜体

图片提供：虫点子创意设计

抽屉可拉出使用

案例 04

善用衣柜中的闲置角落

吊挂的衣服下方可收纳小行李箱

图片提供：满拓空间设计

业主需求▶业主偶尔短期出差，需要有合适的空间放置小行李箱与公文包。

格局分析▶为符合业主使用习惯，将打印机、小行李箱与衣物等收纳在同一柜体中。

柜体规划▶衣物多为衬衫、西服，因此以吊挂收纳为主。下方空间刚好可以放下小行李箱与公文包。

收纳技巧▶考虑到短期出差使用的小行李箱较为轻便，可以将其规划在衣柜闲置角落，收拾衣物和拿取会更加便利。

案例 05

利用梁下空间打造收纳柜

图片提供：摩登雅舍室内装修

横梁下打造成棉被的收纳空间

业主需求▶需要合适的空间收纳棉被。

格局分析▶需要打造柜体的空间是复式夹层，只能在横梁下方寻找合适的空间打造收纳柜。

柜体规划▶沿横梁下方打造了收纳柜，可满足收纳棉被的需要。

收纳技巧▶柜门以平开式柜门为主，打开时不会影响行走动线，即便柜体做得较深，也能方便地拿到东西。

案例 06

白色墙柜使用无把手设计，且能满足收纳需求

业主需求▶喜欢时尚、极简的风格。

格局分析▶床头的后方与侧面为闲置的白墙，可以用来打造柜体。

柜体规划▶纯白柜门使用了无把手设计，有把手功能的垂直凹缝活跃了空间背景画面。

收纳技巧▶柜内配置了抽屉与活动层板。前者便于收纳小型杂物，后者则能根据行李箱、棉被或书籍等物品的不同尺寸来灵活调整高度。

吊柜底部内藏可充当床头灯的间接照明

图片提供：奇逸空间设计

柜门用垂直凹槽来代替把手，同时成为立面的装饰线条

超美观

案例 07

推开"货柜"拉门，便可收纳行李箱和杂物

业主需求▸业主因工作需要经常出差，希望行李箱可以放在容易拿取的地方，回家后收放更加便利。

格局分析▸在仅有 36.3 m² 的空间里，须思考如何打造出具有储藏功能的柜体。

柜体规划▸利用玄关 65 cm 深度的空间打造收纳层板，并用木制材料搭配从货柜门上卸下的金属材料，打造了一个仿真度极高的"货柜"拉门。

收纳技巧▸推开柜门就能直接推入行李箱，上方层板还可以收纳其他生活杂物。

图片提供：合砌设计

使用层板收纳杂物

超隐形

案例 08

电动升降柜可隐藏行李箱

业主需求▸需要有收纳行李箱的地方，又不想让其占用过多空间。

格局分析▸住宅为高度有 4.2 m、面积 49.5 m² 的小户型 LOFT，楼层间的畸零空间可以预留给升降柜使用。

柜体规划▸搭配电动升降金属配件，柜体隐藏在挑高结构内，一点也不多占空间。

收纳技巧▸升降柜可收纳两个行李箱，后方空间则留给中央空调室内机使用。

善用楼层间的畸零空间，搭配电动升降设备，增加储物空间

图片提供：馥阁设计（FUGE）集团

四、包包、配饰放进柜子里很难找，要如何收纳才能整齐又方便？

图片提供：尔声空间设计

若是硬质包，可以将柜子划分出格子，采用直接放置的方式摆放

| 提示 1 |

包包收纳以拿取便利为主要考虑因素

收纳包包的柜子，如果柜体较浅，则便于拿取；如果柜体较深，为避免造成使用上的不便，建议以抽篮或抽板方式收纳，受深度的影响会少一些。

| 提示 2 |

分格还是堆叠，视包包的软硬而定

包包的收纳可根据使用材质软硬的不同而有不同设计。若是硬包，可以将柜子划分出格子，采用直接放置的方式，一格放一个包，就不会发生包包相互挤压而导致变形的状况。若是软包，则可以采取堆叠的方式放置在层板上。

摄影：Yvonne

不常用的包包，建议用防尘袋包好后再进行收纳，以避免灰尘附着

| 提示 3 |

降低层板高度，增加包包收纳数量

除非空间足够，否则家用陈列架的搁板高度应适量降低，才能有效增加整体收纳量。一般来说，只要深度足够，很多包包都可以平放进去，让陈列架更显丰富。

| 提示 4 |

收纳包包可用开放式分格或大抽屉

收纳包包，大多数的做法是利用层板的开放式分格设计，将包包分开摆放，这样包包不会变形，而且开放式设计可以维持通风，保持干燥。也可以在衣柜下方用高度约 50 cm 的大抽屉进行收纳，也是既简单又方便的收纳方式。

| 提示 5 |

利用现成收纳工具辅助饰品分类

建议先统计好饰品数量，再用现成的格盘分格收纳，或者自己用隔板分格，这样最能满足需求。柜体层格、抽屉中最好不要再做细分，因为一旦制作完成就很难再变动了。如果要打造成可变设计，预算势必会提高。建议购买现成的格盘搭配使用，更加经济实惠。

| 提示 6 |

规划过度精细，收纳易有排他性

如果既不想用格盘，也不想做精细化设计，不妨将抽屉从中间隔开，简化为两区设计。这样灵活性较大，可根据不同需求而变化，使用起来不会受到既定格子的限制。

| 提示 7 |

定制首饰盒，各种柜体都适用

事先了解各式饰品的数量与种类，再根据各种抽屉、柜体的尺寸，量身定制分格饰品盒，不仅能让贵重饰品各归各位不乱跑，还能被各种柜体兼容，这种设计使用起来十分灵活。

| 提示 8 |

中岛展示柜适合小物收纳

中岛收纳柜可以整合大量小抽屉，可用于首饰、配件的收纳，上方玻璃柜则能达到展示的效果。收纳包包时，若能尽量缩小包包体积，可以起到节省空间的作用。对于衣帽间来说，建议以部分开放式设计搭配封闭式设计，可起到美化外观的视觉效果。

7个精彩的包包、配饰收纳设计

抽屉可分类收纳饰品

图片提供：拾隅空间设计

超好收

案例 01
衣帽间中设置收纳中岛，饰品再多也不怕

业主需求▶业主衣物、饰品很多，希望能在主卧中设计衣帽间。

格局分析▶主卧空间较大，因此能隔出一间方正的衣帽间。

柜体规划▶室内高度较高，因此三面柜体除了设计了吊挂区、层板区和抽屉区，柜体上方也设有柜门，能收纳换季衣物、棉被与行李箱等，并在空间中央设置了一个饰品中岛。

收纳技巧▶饰品中岛的抽屉具有不同深度，能分类收纳。侧面的座椅除了可供业主着装穿鞋，也弱化了柜体的硬朗印象。

开放式玻璃层架方便穿搭选配

案例 02

开放式层板展示物件，一目了然又好拿

业主需求▶业主喜爱皮衣与个性服饰，希望漂亮的衣服、鞋、包、配饰能展示出来。

格局分析▶在主卧电视墙的背面用长虹玻璃隔出衣帽间，透光的特性提升了空间明亮感。

柜体规划▶衣帽间里打造了可收纳服饰的挂衣区，中间是一个可展示鞋、包、配饰的区域，靠窗的柜体则用来收藏模型玩具，并延伸至书桌。

收纳技巧▶有宽敞的空间收藏皮衣与其他衣服，中岛以层板打造开放式展示区，收纳物品一目了然，搭配时拿取非常方便。

图片提供：极青空间设计

案例 03

金属挂衣杆可收纳衣帽

业主需求▶业主需常常出差，有帽子与丝巾的收纳需求。

格局分析▶衣帽间的一面墙上有两扇窗，若打造柜体，会遮挡光线；若空出这面墙不做柜体，又有些浪费空间，影响收纳量。

柜体规划▶打造金属挂衣杆吊挂衣物，可让自然光隐隐透入室内。根据业主 180 cm 的身高，将柜体高度提高为 95 cm，便可充当符合人体工程学的工作台面。

收纳技巧▶上方用金属挂杆解决衣帽收纳问题，下方柜体部分抽屉规划了十字抽，可摆放领带、腰带等物品，下方还有拉篮可收纳杂物。

图片提供：相即设计

台面上可以熨烫衣物

超时尚

案例 04
黑玻璃材质营造通透感

图片提供：尚艺设计

↓

黑玻璃材质增加柜体透明度，又有修饰作用

业主需求▶女主人衣物及饰品不少，希望分类整理时能一目了然，容易寻找。

格局分析▶衣帽间虽是长方形格局，但因过道宽度达 120 cm，又是开放式空间，所以不显得局促。

柜体规划▶将柜体按 74 cm 的长度分段，降低空间狭长感。柜体上缘用镀钛板装饰，增添华丽感。

收纳技巧▶下方平台将强化黑玻璃与抽屉融合在一起，增加了柜体的透明度。板材外面的木纹饰面则突出了不同的质地。

案例 05
轻巧且大容量的收纳格设计

图片提供：尔声空间设计

↓

收纳格内可收纳丝巾或手表

业主需求▶在有限的主卧空间内需安排梳妆台，以及收藏丝巾、饰品等配件的区域。

格局分析▶梳妆台正对着床，使用玻璃材质分隔空间，可让窗外的光线进入室内。

柜体规划▶将收纳柜靠墙设计，空出走道动线。上方吊柜可悬挂衣物、收纳帽子和包包，下方则定制了抽屉柜。

收纳技巧▶业主夫妻俩一人用一个定制抽屉柜，柜体上方设计了分格收纳层，可将丝巾或手表等小物件收进柜内。

案例 06

根据包包大小划分收纳区

大型包包收纳区

图片提供：馥阁设计（FUGE）集团

小型包包收纳区

业主需求▶女主人的精品包包种类非常多，有些需要平放，但有的必须直立收纳。业主希望收纳设计可以一目了然，让她穿搭方便。

格局分析▶利用主卧宽敞的空间，除衣帽间之外，还打造了专用于收纳包包和饰品的墙柜。

柜体规划▶一整面柜体组合了平开门、层板，以及抽屉、抽盘等不同设计。柜门表面的绷布提升了精致度与质感。

收纳技巧▶抽屉主要放置饰品，抽盘用来摆放手提包、双肩包或者帽子，最上层较高的层板则可以收纳包包的盒子与大型包包。

案例 07

公文包、双肩包好收也好拿

公文包、双肩包收纳区

图片提供：馥阁设计（FUGE）集团

衬衫专属收纳区

业主需求▶男主人有公文包、双肩包等不同种类的包包，也有收藏手表的爱好，上班穿的衬衫需要搭配不同的领带。

格局分析▶主卧内根据男女主人的需求定制了衣柜，柜体外采用隐藏式把手，打造整齐利落的立面。

柜体规划▶着重设计了柜体内的各种收纳区，包括抽屉、层板等设计，甚至柜门还能收纳公文包。其中层格既有一般样式的，也有竖向长形格。

收纳技巧▶抽屉可以收纳领带和手表，长形格主要收纳双肩包与公文包，最右侧深度约 40 cm 的层板则用来收纳折叠起来的衬衫，更方便挑选。

五、如何设计才能方便小朋友自己拿取玩具？

设计
关键提示

图片提供：猫两空间设计

将开放式层架降低高度，更符合孩子的使用需求。格柜可搭配收纳盒使用，也可直接放置玩具

| 提示 1 |

利用柜子下方作为玩具收纳区

其实并不需要为玩具专门打造一个收纳柜，建议与衣柜合并使用，但最好先找到深度够深、放得下大小玩具的玩具箱或网篮，再规划衣柜的尺寸，以便衣柜能容纳下它们的体积。而收纳玩具的位置以柜体下方开放式层架为主，方便玩具箱或网篮直接推入和摆放。

| 提示 2 |

多设计活动抽屉应对使用需求变化

小朋友长大的速度很快，因此不需要为现阶段做特别设计，以免长大了无法继续使用。建议在衣柜内多设计一些活动式抽屉，可按照孩子衣物收纳需求灵活调整，并随时关注日后使用需求的变化。

图片提供: 构设计

收纳玩具的位置以柜体下方开放式层架为主，方便玩具箱或网篮直接推入和摆放

| 提示 3 |

让小朋友参与设计过程

利用定制方式组合床品与收纳区域时，可以先询问小朋友的需求，再将常用用品和工具的收纳融入设计中。如此一来，除了达到整合收纳的目的，小朋友也会有参与设计的感觉，对于日后培养收纳习惯有着事半功倍的效果。

| 提示 4 |

随孩子的成长而变化功能的大抽屉

要方便收放玩具、书籍，可以在柜体下方设置一个大抽屉，尺寸可以规划得较大、较深一些，让孩子能轻松地把东西都收进去。大抽屉在孩子长大后，可以转换用途，成为收纳过季衣物或棉被等稍大物品的空间。

| 提示 5 |

用柜体整合多元收纳功能

利用玩具箱、网篮等方式收纳孩子不同大小的玩具、书籍，再将柜格安装柜门便能解决画面杂乱的困扰。用柜体台面代替单椅，可兼作孩子的游戏桌与大人的陪伴椅，释放出更多活动空间。

| 提示 6 |

鲜艳的玩具箱是物归原位的关键

利用色彩吸引小朋友注意，是培养物归原位习惯的第一步，能帮助小朋友学习并分辨收纳物品。因此，玩具箱可准备不同的颜色，以便容纳各种类型的玩具。

| 提示 7 |

收纳箱重量以轻为宜

要让小朋友自己收拾玩具，玩具箱的设计必须轻巧，才能好推好拿。同时要注意柜门的开合设计要方便，避免小朋友夹到手。另外，柜体应尽量靠墙设计，释放出中央位置，供小朋友游戏、活动使用。

10个精彩的玩具柜设计

案例 01
利用楼梯打造收纳空间

业主需求▸希望儿童房里的柜体能方便拿取与收纳玩具，并维持空间的干净整齐。

格局分析▸利用夹层楼梯结构面较宽、台阶可自然形成层格的特色来收纳玩具。

柜体规划▸整体利用承载性能较强的木结构设计打造，楼梯台阶内以抽屉形式打造了5个收纳空间。

收纳技巧▸在楼梯上方规划游戏区，当小朋友想玩游戏时，可以随手从楼梯处拿出玩具；当孩子玩累了需要收好玩具时，也能将玩具就近收纳在楼梯处。

图片提供：尧矛希设计

拉取式的抽屉结合玩具收纳功能

超好收

案例 02
降低高度，方便孩子自己收放

业主需求▶小朋友的玩具需要容易收放。

格局分析▶卧室的面积较小。

柜体规划▶拆除原有的客浴，将墙面后移，规划收纳柜，与后方的主卧衣帽间共享空间。

收纳技巧▶利用收纳柜的便利性，下方设计较深的大抽屉，可以将小朋友的玩具都收纳进去。

图片提供：逸乔设计

抽屉高度适合小朋友使用

学收纳

案例 03
吊柜符合孩子使用高度，帮助孩子养成收纳习惯

业主需求▶小朋友现在两岁多，希望儿童房可以根据其成长来灵活调整。

格局分析▶空间中，平整的大面积墙面少，能规划成收纳空间的地方并不多。

柜体规划▶衣柜用浅色板材打造，让空间显得更为宽阔，并减轻柜体产生的压迫感。侧墙则根据孩子的身高打造了吊柜。

收纳技巧▶卫浴门距侧墙有 20 cm 深，侧墙便利用这一深度进行设计，上方用网子收纳玩偶，下方则打造吊柜收纳玩具与童书。吊柜高 100 cm 左右，方便孩子拿取。

图片提供：尚艺空间设计

100 cm 左右的高度方便小朋友拿取

图片提供：北欧建筑（CONCEPT）

案例 04

用乐高积木装潢，筑一道亲子共乐墙

业主需求▶希望客餐厅、卧室等空间除基本功能需求外，也能为不同的家庭成员打造各自专属的休闲角落与兴趣收纳墙。

格局分析▶餐厅后方有一个约 6.6 m^2 的空间，用柜体隔出独立游戏区，刚好可以用来展示爸爸的乐高收藏品，同时也作为孩子活动的游戏角。

柜体规划▶在游戏区的墙面上设计深度刚好能摆放乐高人偶模型的层架，大片灰色块则为积木底板，可以直接在上面拼接、组合乐高积木。当有客人来访时，也可通过调节活动式拉门露出展示区。

收纳技巧▶在墙柜右侧的板材上挖出四个大孔洞，刚好可放入亚克力的玩具收纳筒，方便游戏时整筒取下，游戏之后再整筒放回。

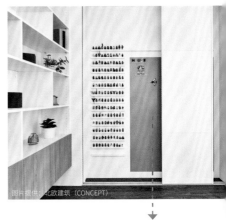

图片提供：北欧建筑（CONCEPT）

灰色块上可以直接拼组乐高积木

案例 05

半透明色彩点缀公共空间

业主需求▶希望将小朋友的玩具收纳好，且不破坏整体家居设计。

格局分析▶孩子还小，不能自己睡一屋，儿童房暂时用作玩具收纳空间。

柜体规划▶独立玩具室可提供充足的收纳空间，隔墙采用半透明的长虹玻璃材质，摆放颜色鲜艳的各式玩具，为公共空间注入愉悦的氛围。

收纳技巧▶开放式层架搭配活动的透明收纳箱，便可分门别类地收纳各种尺寸的玩具。用浅色布帘代替柜门，可灵活调整睡眠时的空间亮度，并增强私密性。

图片提供：甘纳空间设计

图片提供：甘纳空间设计

长虹玻璃可打造半透明的视觉效果

多功能

案例 06

多功能空间地板架高处打造格柜，
兼顾收纳与亲子互动功能

业主需求▶这是一个共享概念空间，能为孩子提供活动的地方，也能让大人在此工作并陪伴孩子。

格局分析▶由于老房装修时排水管线全部重新整修，地板被架高，形成了地面高度差，刚好可以利用起来做成格柜收纳区，也自然而隐形地划分了空间区域。

柜体规划▶为了让多功能空间更适合孩子游戏、坐卧等活动，收纳设计以矮柜与地下收纳为主。右侧的复合式吧台可以当作一个简易厨房，将电器等集中放置在里面，外面则是较为美观的展示柜。

收纳技巧▶地板架高处的格柜兼具座椅、收纳与结构增强三种功能，适合孩子的身形尺寸，让孩子自己就能轻松拿取书籍与玩具，并练习整理物品。

选择格柜形式也是为了增强承重性能

案例 07

兼有游戏、收纳功能的家具，可随孩子成长调整

图片提供：非关设计

业主需求▶ 希望家中有一个多功能儿童游戏室，可供孩子玩耍，又具有完善的收纳功能。

格局分析▶ 多功能房间结合了游戏和收纳双重功能，并能根据孩子的成长灵活调整。

柜体规划▶ 利用墙面深度打造了一个可以当小房间的凹洞，下方放置伸缩楼梯，不占空间。

收纳技巧▶ 在小朋友还小的时候，凹洞可以当游戏室或房间，长大后则可以用作收纳柜。侧面的洞洞板柜门可以安装木杆吊挂东西，而楼梯则具有抽屉功能，一物多用。

可伸缩楼梯同时也是抽屉

图片提供：非关设计

案例 08

好拿取易收纳，满足孩子游戏需求

业主需求▶因业主的两个儿子年纪小，多功能空间除了可以用作书房，也可以作为孩子的游戏室使用。

格局分析▶空间左侧通往公共空间，若有私密性需求，可关上柜门成为独立空间。

柜体规划▶考虑到孩子的身高，在柜子下方摆放无纺布玩具箱，飘窗下也设计了抽屉式收纳空间。

收纳技巧▶柜体下方的弹性空间，小朋友拿取玩具十分便利。飘窗下方还设计了脚踏板，可以界定空间区域。

灵活搭配无纺布玩具箱

图片提供／

案例 09

善用楼梯下方空间做收纳柜

图片提供：虫点子创意设计

业主需求▶儿童房需容纳下两个孩子的床、书桌和衣柜等。

格局分析▶儿童房是双层空间，上下两层各规划了一人的睡眠区。两张书桌则靠向墙面两侧。

柜体规划▶运用楼梯设计了玩具收纳柜，不同大小的柜门纵横交错，增添了儿童房的童趣。

收纳技巧▶在收纳柜的最下方，为了方便孩子拿取玩具，设计了便利的抽屉。其余为封闭式柜体，保持简约的风格，也能免去积灰的困扰。

收纳柜下方是抽屉，方便孩子自己拿取玩具

案例 10

滚轮抽屉，边推边收

选用 6 cm 厚的板材，两侧植铁板强化结构

图片提供：木介空间设计

业主需求▶业主有收藏乐高积木的爱好，且希望孩子的玩具能收纳得干净整齐。

格局分析▶将客厅后方的一个房间打造成开放式书房，保证大人与孩子可以亲密互动。

柜体规划▶在开放式书房内打造飘窗，下方使用抽屉。右侧则打造了倚墙矮柜，上方设置了金属与板材交错打造的陈列架，简约利落且富有层次感。

收纳技巧▶飘窗下的每个抽屉都装有滚轮，可轻松移动出来整理玩具。陈列架选用 6 cm 厚的板材，板材两端植铁板固定于墙内，加强承重性能。

第七章 卫生间

一、盥洗用品有更好的收纳方法吗?

设计关键提示

图片提供: 禾光室内装修设计

壁挂式大面镜柜不但可以延伸视线,而且有足够的空间收纳沐浴和盥洗用品。镜面的反射特性与木皮的特有纹理,也降低了柜体的压迫感

| 提示 1 |

收纳在与卫生间相邻的柜子里

一般使用中的盥洗用品,用简单的镜柜或下方浴柜就能轻松收纳。备用品则通常因为体积大、数量多,可选择与卫生间相邻的柜体存放,临时取用也比较方便。

| 提示 2 |

防潮材质可延长卫生间收纳柜寿命

卫生间的收纳柜比较怕湿,尤其是洗手池下方的浴柜可能还会有管线问题,因此可选用人造石、镜面、玻璃等防水材质延长柜体使用寿命。下方管线位置则可使用柜门加拉篮方式,将其与收纳物品分隔开。

| 提示 3 |

收纳卫浴物品,方便使用最重要

为了方便拿取与使用,卫浴用品最好收纳在随手可及之处。利用加大的镜柜或浴柜,便可将这些小件物品收纳于其中。

洗手台通常离地约 78 cm，使用起来较为舒适

| 提示 4 |

根据空间湿度挑选层板材质

　　容易潮湿的空间尽可能避免使用木质板材、美耐板（注：又叫"防火板"，是以牛皮纸或装饰纸为原材料，通过风干、高温高压等工艺制作而成的）等，以免水汽浸入，导致柜体受损或发霉。除了塑料，玻璃这类材料清透整洁，用抹布就能擦干清理，且不易沾染霉菌，比较适合用作卫生间柜体的层板。

| 提示 5 |

让层架和镜柜成为瓶罐的容身之处

　　卫生间内的瓶罐较多，必须事先预留好收纳空间，其中层架设计最便于拿取。如果不想将物品暴露在外，也可将洗手台上方的镜子改成镜柜，这样就不会让全部瓶罐都堆在台面了，可以使台面保持清爽与干净，不显得杂乱。

| 提示 6 |

镜柜上下层物品分类放，好拿又好整理

　　镜柜通常分为滑动式和开合式。镜柜内以层板居多，建议上层放瓶瓶罐罐，可直接拿取，方便使用；下层则摆放牙膏、洗面奶等，因为这类物品较易显得杂乱，放在下方，一方面可随时整理，另一方面也不会一打开门就看到乱七八糟的画面。

| 提示 7 |

洗手台建议高度为 78 cm，深度可调整

　　纵观所有的柜体设计，一般可作为工作台面的书桌、橱柜台面或洗手台，60 cm 是最好使用的深度。虽然如此，洗手台终究不像橱柜台面、衣柜等牵涉许多固定尺寸，台面到底要做多大，可以根据自家情况来进行适度调整。整体高度则可设置在 78 cm 左右。

| 提示 8 |

镜柜深度和高度的常用尺寸

　　不同于梳妆台多是坐着使用，卫生间镜柜由于多是站立使用，其高度也随之提升。柜体下缘高度通常为 100 ~ 110 cm，柜体深度则多设定在 12 ~ 15 cm。收纳物品以牙膏、牙刷、刮胡刀等小型物品为主。

10个精彩
的盥洗区
设计

超能收

案例 01

巧用拉篮，让物品整齐归位

业主需求▶希望能把所有卫浴用品都收纳整齐。

格局分析▶将卫生间洗手区稍微外移，扩大坐便区空间，让坐轮椅的老人也能自由进出。

柜体规划▶洗手台下方除留出收纳卫浴备用品的空间外，还设置了洗衣篮，方便放置脱下的衣物。上方设计了镜柜，九宫格设计让各种小物品都有收纳的位置。

收纳技巧▶浴柜选用拉篮设计，可放置漱口杯和牙刷，以维持台面整洁。拉篮宽度一般建议为 15 ~ 20 cm，深度则为 58 ~ 60 cm。拉篮下方使用了透气网格，可风干水汽。

图片提供：浦栝空间室内设计

拉篮下有透气网格，可风干水汽

案例 02

不锈钢层架轻薄且不怕湿

业主需求▶卫浴空间需兼顾使用舒适、功能实用与风格清新的需求。

格局分析▶在格局方正的卫浴空间内，用半墙和透明玻璃将干湿分区进行分隔。

柜体规划▶柜体左半边用不锈钢材质打造层板，并延伸至淋浴区作为横架，可摆放各种沐浴用品。

收纳技巧▶不锈钢材质做好外层防水后，不怕潮湿，且能打造出轻薄的柜体。

图片提供：奇逸空间设计

横向不锈钢层架可摆放各种沐浴用品

案例 03

桧木浴柜体现家居风格

业主需求▶讲求空间功能实用性，希望卫生间里的物品都有专属的收纳空间。

格局分析▶卫生间仅有一扇对外打开的窗户，必须保留其采光与通风功能。

柜体规划▶采用业主母亲最喜爱的桧木材质定制镜柜和洗手池下的浴柜。为避免遮挡光线，镜柜刻意靠右侧设计。

收纳技巧▶上方镜柜可收纳洗漱用品，使台面维持整洁。浴柜右下方空间较大，可以放置垃圾桶。

利用浴柜后方的墙面安装毛巾杆，使用更方便

图片提供：甘纳空间设计

超整齐

案例 04
利用畸零空间打造玻璃层架

业主需求▶希望卫生间小物品能轻松收纳。

格局分析▶卫生间与卧室使用磨砂拉门分隔，兼顾通透性与私密性双重需求。

柜体规划▶加大镜柜尺寸，坐便器侧面的畸零空间也被打造为玻璃层架。

收纳技巧▶洗面奶、牙膏、牙刷等小物品都可以收在镜柜后方，沐浴乳、洗发水等则可以放置在玻璃层架上，减轻空间凌乱感。

图片提供：馥阁设计（FUGE）集团

玻璃材质的层架可避免水汽带来的潮湿问题

超好收

案例 05
运用多元配件解决凌乱问题

业主需求▶卫生间空间有限，业主又不希望台面上放满洗漱用品。

格局分析▶在洗手台下方打造收纳量足够的浴柜。

柜体规划▶浴柜中包含抽屉、拉篮等配件，收纳形式多样。

收纳技巧▶拉篮可收放漱口杯、牙刷、牙膏等，小抽屉则放其他卫浴备用品及吹风机。

图片提供：物炼空间设计

抽屉的开口设计方便拿取纸巾

好拿取

案例 06

减一个洗手池，洗手台上便能多出放置洗漱用品的空间

业主需求▶想要符合动线且干净舒爽的卫浴空间。

格局分析▶方正通风的卫浴空间中，洗手台上原设有两个洗手池。

柜体规划▶浴柜下方根据动线设置了开放式与封闭式区域。开放式区域可放置洗衣篮与替换毛巾，封闭式区域则可放置卫浴备用品等。

收纳技巧▶将洗手池由两个改为一个，洗手台侧面便能多出放置洗漱用品的地方。

图片提供：拾隅空间设计

开放式区域可收纳毛巾　　　底部可放置洗衣篮

收更多

案例 07
打造两人共享洗手台与收纳柜

光线有利于化妆

业主需求▶卫浴空间不大，需要满足夫妻两人的洗漱及收纳需求。

格局分析▶洗手台对面用玻璃门分隔出浴缸区，收纳空间需安排在洗手台这一边。

柜体规划▶镜柜中间设计成开放式层板，两边镜面对称，里面可收纳夫妻俩各自的洗漱用品。天花板中嵌入 LED 灯带，其光线有利于化妆。

收纳技巧▶收纳柜用木制材料打造，上方收纳轻巧的洗漱物品，下方以抽屉、开放式层架等不同形式收纳毛巾、卫生纸等用品。

图片提供：东声空间设计

超整齐

案例 08
物品各有所归，维持台面整洁

图片提供：满拓空间室内设计

业主需求▶女主人习惯在卫生间做护肤，必须有放置化妆品和护肤品的空间。

格局分析▶单独拉出的洗手台，长度与衣帽间通道齐平。台面上方以玻璃材质打造，让光线得以进入卫浴空间。

柜体规划▶为了防止水溅到收纳区，且避免时间久了插座和美耐板有所损坏，台面刻意抬高了约 8 cm，以延长柜体使用寿命。

收纳技巧▶右边开放式层架是放置护肤品的区域，下方则配置了洗衣篮和拉篮。拉篮可放置漱口杯，洗衣篮放换洗衣物，物品各有所归，避免台面凌乱。

台面刻意抬高约 8 cm 用以挡水

案例 09

空间既有交集又互相独立，打造关联紧密的生活意趣

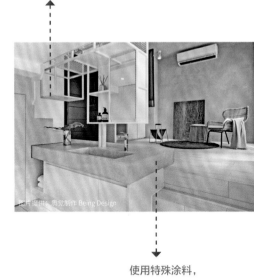

图片提供：质觉制作 Being Design

使用特殊涂料，
既防水又耐磨

业主需求▶ 通透的金属收纳层架，既可增强两个空间的互动性，又能保持彼此的独立性。

格局分析▶ 客厅电视架的背面兼作洗漱区层架。通过高度差与双面设计，层架部分空间可重叠使用，部分空间彼此独立，使空间使用效率最大化。

柜体规划▶ 灰米色调的台面为洗漱区与客厅共享，在材质选择上需兼顾干湿两用，因此用木制材料搭配金属材料以强化柜体结构。

收纳技巧▶ 直径 6 cm 的镜柜支撑柱同时也是电视机支架的线路收纳槽。镜柜除了放置牙刷、漱口杯，还隐藏了充电式盥洗用品所需的插座。

案例 10

左右横移式镜面增添了镜柜的可变性

镜子可以左右随意移动

图片提供：质觉制作 Being Design

业主需求▶ 业主平常出门前习惯在卫浴空间里将洗漱、梳妆一气呵成，希望打造大尺寸台面，让使用动线更加自然流畅。

格局分析▶ 主卫面积约有 9.9 m^2，在两墙之间打造一整面洗手台，宽裕的卫浴空间设计在视觉上更显大气。

柜体规划▶ 一字形台面采用灰白色大理石材质，底下搭配深木色横纹柜体，并内凹镶嵌古铜色镀钛板作为抽屉与柜门把手。最左侧可以挂毛巾。

收纳技巧▶ 上方柜体中的黑色金属结构底部，部分封板、部分开放，增添吊挂功能。左右横移式镜面则可根据使用者的习惯调整位置。

二、毛巾、卫生纸、垃圾桶，怎么放才能使用方便又美观？

设计 关键提示

图片提供：馥阁设计（FUGE）集团

在浴柜侧面空间打造卫生纸专属收纳区域，顺手方便，也更加美观

| 提示 1 |

备用卫浴物品可收纳于浴柜中

每天都会用到的洗漱用具可收纳在镜柜中，而备用的卫生纸或沐浴乳、洗发水等，由于不需要经常拿取使用，则可收纳在靠近坐便器的浴柜或墙面中。如果选择嵌入墙面的设计，必须特别留意收边工艺和材质，使设计达到既美观又好用的效果。

| 提示 2 |

善用卫生间五金，方便又安全

毛巾可按用途分类，并以浴巾架、毛巾架等收纳，放置在拿取顺手的动线上。例如擦手毛巾可以挂在洗手池旁，浴巾则可吊挂在靠近淋浴区的地方。毛巾架或浴巾架除了挂毛巾，还能当作临时扶手使用，可提高卫生间的安全性。

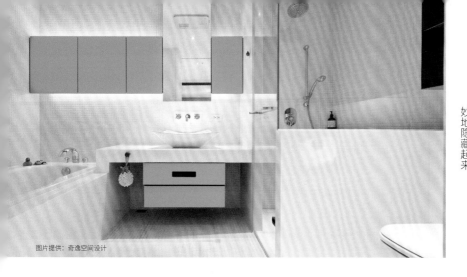

图片提供：奇逸空间设计

浴柜下方的柜门，贴心设计方便抽拉卫生纸的开孔，将卫生纸巧妙地隐藏起来

| 提示 3 |

用毛巾篮将毛巾隐藏起来

如果觉得毛巾的颜色、材质与卫生间风格不搭，或不想让毛巾外露，可将毛巾篮隐藏在柜体中，将使用过的毛巾直接放入篮中，每天更换新的毛巾，为卫生间质感加分。

| 提示 4 |

洗手台下做好洗衣篮收纳设计

收集衣物的洗衣篮通常也会放在卫生间内，沐浴后即可随手丢入换洗衣物。建议在洗手台下规划存放区域，做下翻式设计或提拉式设计，方便放入及拿取。也可以选用有轮子的洗衣篮，与浴柜融为一体，不会显得突兀，更加美观。

| 提示 5 |

卫生纸内嵌于墙面可节省空间

卫生纸虽然体积不大，但却是卫生间必备物品，收纳处要既方便使用又得防潮。除了常见的放置位置，如坐便器水箱上、卷纸架，也可采用内嵌的墙面设计，不仅不怕人会碰到，而且拿取顺手。但要记得事先确定坐便器与凹洞相对应的位置，以达到最佳效果。

| 提示 6 |

发泡板适合用作浴柜板材

浴柜材质应首先注重防潮防水，相比于一般板材，发泡板更适合用来打造浴柜。这是一种新型类塑料板材，不但外表美观、安装方便，而且具有较好的性能，即使泡在水中也不会腐烂，可根据需求选用 12 mm、15 mm、18 mm 等不同厚度的发泡板。越好的发泡板，其板内气孔越小，越不容易弯曲变形。

| 提示 7 |

利用浴柜侧面打造凹槽收纳抽纸

卷筒卫生纸适合放在吊挂的卫生纸架上，抽纸可以摆在台面上，但会显得凌乱且拿取不顺手。因此，不妨借用浴柜的侧面打造凹槽收纳抽纸，宽裕的话里面还可存放两三包备用。

17个精彩的卫浴用品收纳设计

柜门设计让外观更整齐

收更多

案例01
利用卫生间入口处空间打造毛巾柜

业主需求▶ 希望能规划毛巾收纳空间。

格局分析▶ 选择在卫生间入口处规划收纳柜，这样不会破坏格局的完整性。

柜体规划▶ 在卫生间前转角的横梁下打造通顶立柜，成功降低了横梁的突兀感。

收纳技巧▶ 柜体设置了一部分开放区和一部分封闭区。开放区可以放展示品，封闭区则用来收纳毛巾等物品。物品区分清楚，收纳更便利。

案例 02

打造抽屉式卫生纸盒

业主需求 ▶ 避免卫生纸等用品外露。

格局分析 ▶ 户型不大，卫生间面积较小，且空间较为阴暗。

柜体规划 ▶ 沿窗边打造了洗手台、旋转浴镜和收纳柜。

收纳技巧 ▶ 在坐便器对面的上层抽屉开了一个长方形孔洞，方便随手抽取里面收纳的卫生纸。

大面浴镜可左右旋转，不影响采光与通风

长方形孔洞是卫生纸的出口

案例 03

浴柜整合收纳梳妆、护肤用品

业主需求 ▶ 虽然卫生间面积有限，但业主仍然希望能在卫生间进行护肤、梳妆。另外，卫生间还需要容纳下洗衣机。

格局分析 ▶ 原本卫生间的空间狭小，不方便行动。将卧室和卫生间的动线调整后，卫生间变得宽敞多了。

柜体规划 ▶ 浴柜放大并整合了梳妆的功能，门后则配有毛巾、卫浴备用品的收纳柜。

收纳技巧 ▶ 局部开放式层架可收纳毛巾、护肤品等生活用品。

毛巾、卫浴备用品在门后有专属收纳柜

案例 04
浴柜整合毛巾柜

业主需求▶卫生间要保持干燥、洁净。

格局分析▶在有限的卫浴空间中，于洗手台下规划了浴柜，以增加收纳量。

柜体规划▶使用镜面、人造石等防潮材质打造洗漱区。

收纳技巧▶浴柜左侧的开放式层板用于收纳毛巾，洗手之后可以从中随手拿取毛巾擦拭。偶尔衣物也可放置在此。

防潮材质更适合卫生间环境

图片提供：翡阁设计（FUGE）集团

案例 05
柜体转角延伸至过道，
容量大大增加

业主需求▶夫妻俩对设计的接受面很广，希望能拥有如酒店般质感的卫生间。

格局分析▶主卧和卫浴空间较为宽敞，以回形动线安排淋浴区、坐便器与浴缸，打造自在、无拘束的氛围。

柜体规划▶将过道台面转角延伸进卫生间，打造双洗手台与梳妆台，无形中拓展了空间尺度。

收纳技巧▶过道中柜体深度较浅，为28 cm，适合收纳卫生纸或沐浴用品。洗手台下则搭配抽屉和柜门，让业主灵活分类使用。

抽屉可收纳干净的毛巾、浴巾

图片提供：甘纳空间设计

超隐形

案例 06
将卫生纸内嵌收纳在墙面中

业主需求▶想保持卫生间清爽，不想打造多余柜体，以免占据过多空间。

格局分析▶这是一家酒店的卫生间，看起来整洁、清爽是第一要务。

柜体规划▶把卫生纸内嵌收纳在瓷砖铺设的墙面中，以不锈钢做防水面板，省去卫生纸盒所需的空间。

收纳技巧▶只要事先规划好坐便器的位置，在墙面预留空间，就可以做成顺手好用的卫生纸抽取设计。

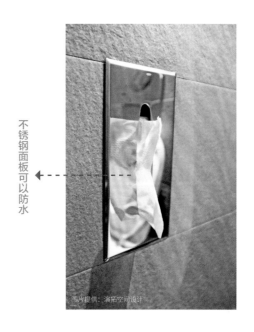

不锈钢面板可以防水 ◀

图片提供：演拓空间设计

超贴心

案例 07
干湿分离解决衣物潮湿困扰

业主需求▶希望换洗衣物能拿取顺手、方便。

格局分析▶卫浴空间要做到干湿分离。

柜体规划▶将衣物收纳空间整合在干区洗手台的下方，避免衣物受潮。

收纳技巧▶可在沐浴前将衣物放入衣篮，再进入沐浴区。合理的动线让使用更方便。

此开口可置入衣物 ◀

图片提供：演拓空间设计

左侧板材是柜门也是儿童房房门，拉开后可以拿出衣篮，关上就能隐藏洗衣篮

图片提供：福研设计

 省空间

案例 08

洗衣篮藏进收纳柜

业主需求▶原来洗衣篮一直放在走道上，很不美观。

格局分析▶小户型的收纳功能有限，但又不想大幅度改变格局。

柜体规划▶打造的收纳柜分为上下两部分，下柜的开放式设计正好能放下一个洗衣篮。

收纳技巧▶业主洗完澡走回房间时就能随手将脏衣服丢进洗衣篮，也不用担心衣服会被水淋湿的问题。

图片提供：福研设计

超实用

案例 09
卫生纸收纳木箱让空间更利落

业主需求▶希望有固定位置收纳卫生纸，降低空间凌乱感。

格局分析▶干湿分离的长方形卫生间面积约有 4.95 m²。

柜体规划▶在坐便器上方的木箱上打造卫生纸抽取口和卫浴备用品收纳空间。

收纳技巧▶用栓木贴皮木芯板打造深度 15 cm 的长台，增加收纳面积，不会影响坐便器的使用，且能使木箱与长台融为一体，成为造型的一部分。

抽取口和卫浴备用品收纳区结合，美观又利落

图片提供：尚屋设计

收更多

案例 10
双倍大镜柜满足洗漱、梳妆需求

业主需求▶女主人希望可以在卫生间梳妆，避免早晨梳妆打扰到男主人。

格局分析▶原本卫生间包含了淋浴区和浴缸，但夫妻俩对泡澡的需求不高。

柜体规划▶拆除浴缸后，将洗手台整合梳妆功能，打造成 L 形转角柜，让女主人可以在此舒适地化好妆容。

收纳技巧▶L 形的两面镜柜拥有极大的收纳量，右下方的开放式层板也能搭配洗衣篮，摆放常用的毛巾、护肤品等。

两面镜柜可将瓶瓶罐罐收纳得更整齐

图片提供：尔声空间设计

超好放　案例 11

分层抽屉收纳毛巾、浴巾

业主需求▶以前卫生间空间不够，毛巾和换洗衣物都只能堆在毛巾杆上。

格局分析▶夫妻俩居住的 49.5 m² 小户型住宅，原有卫生间较为狭小，需要充分利用空间。

柜体规划▶定制收纳柜的下方采用了分层抽屉设计，表面喷涂灰色漆，与空间整体色调相吻合。

收纳技巧▶用过的浴巾和毛巾等可随手收纳在抽屉内，使用动线非常流畅。

小毛巾可以放在层板中

图片提供：为口建筑

大抽屉中可收纳浴巾

超贴心

案例 12

酒店式洗手台舒适美观，用温柔款待自己

业主需求▶由于经常出差，业主习惯酒店式的洗手台设计，期待每天都能舒适地在大台面上从容梳洗。

格局分析▶原有的主卫和衣帽间都过于窄小，不方便使用。于是将隔墙拆除，让两个空间整合为一体，避免过多柜门会浪费空间。

柜体规划▶卫浴入口右侧的干区位置，利用因柱体形成的畸零空间打造成通顶柜体，可存放所有的卫生纸和沐浴备用品等，用完时方便就近补充。

收纳技巧▶将洗手台面放大，在淡暖色的大理石侧面挖出卫生纸的抽取开口，减少视觉上的杂乱感，美观又实用。

图片提供：北欧建筑（CONCEPT）

预留卫生纸抽口设计，可减少杂乱感

图片提供：北欧建筑（CONCEPT）

多功能

案例 13
干净利落且强化收纳功能

业主需求▶ 此为业主儿子使用的主卫，设计较为简洁，洗漱用具需要收纳空间，以免显得凌乱。

格局分析▶ 干湿分离的卫浴空间里，需要将洗漱用品与卫生用品妥善收纳，保持空间清爽与干净。

柜体规划▶ 柜体以木质板材和烤漆工艺打造而成，镜面两侧采用开放式层板设计，让拿取洗面奶或隐形眼镜时可以一目了然。

收纳技巧▶ 三片镜面后方还拥有收纳空间，可满足大量洗漱备品的收纳需求。下方可以放置毛巾与干净的衣物，拿取也较为便利。

开放层架可放置毛巾

超好收

案例 14
重整格局，拉长台面，扩增收纳空间

层架中可收纳卫生纸

业主需求▶ 居住成员为一对夫妻，不需要两间卫浴，希望能整合成一间大卫浴，且他们偏好长方形台面。

格局分析▶ 将两间卫浴整合为比一般卫浴稍大的空间。

柜体规划▶ 将洗手台面延伸至坐便器侧面，以提供充足的收纳空间。墙面上打造吊柜，增加收纳量。坐便器后方则是利用因管道、柱体形成的凹陷空间而打造的层架。

收纳技巧▶ 坐便器侧面的开放式层架适合收纳卫生纸、毛巾等用品，后方层架可放置香氛瓶、植物等点缀，增加生活情调。

超好收

案例 15
按照拿取动线规划收纳空间，好拿又好收

业主需求▶希望将主卫进行干湿分离，再规划收纳，以保持室内干燥。

格局分析▶长方形的主卫内有柱体，柱体之间形成凹陷的畸零空间。

柜体规划▶利用卫生间中间的畸零空间打造上下柜体，上柜为通风格栅柜，下柜则为开放式层架。

收纳技巧▶根据沐浴品与清洁用品的拿取动线选用不同的收纳空间，可以分别收纳在层架（下柜）、格栅柜（上柜）和洗手台下方浴柜三处。

三种柜体设计根据收纳物品
有所差异

图片提供：非关设计

图片提供：构设计

 好拿取

案例 16

浴柜下方做镂空设计，打造高级感

镂空部分可放置毛巾或洗衣篮

业主需求▶ 希望卫生间可以有足够的收纳空间，且方便拿取毛巾等卫浴用品。

格局分析▶ 原卫生间为狭长形，在调整储藏室空间后，格局才较为方正，可以容纳下浴缸。

柜体规划▶ 在洗手台下方设计了大收纳柜，以抽屉形式打造，抽屉下为镂空设计。浴缸前墙面上设置了 120 cm 长的人造石层板。

收纳技巧▶ 收纳柜下方镂空，便于业主放置衣篮、毛巾等，营造出酒店卫生间般的高级感。人造石层板则便于拿取沐浴乳等沐浴用品。

图片提供：构设计

省空间

案例 17
开放式层格可收纳毛巾与卫生纸

业主需求▶希望卫浴空间可以打造得整齐、清爽。

格局分析▶这是女孩房间独立的卫浴，虽然空间不大，但卫生间收纳必须充足。

柜体规划▶将浴柜与洗手台整合，再搭配镜柜设计，以增加储物量。

收纳技巧▶浴柜转角两侧是开放式设计，最外侧放置卫生纸，面向人站立的一侧则用来放毛巾与衣物，沐浴后拿取、替换更加便利。

图片提供：馥阁设计（FUGE）集团

转角外侧开放式层格可收纳卫生纸

第八章　其他空间

不喜欢收纳东西，可以设计一间完美的储藏室吗？

设计
关键提示

图片提供：馥阁设计（FUGE）集团

将卫生间上方的挑高空间规划为储藏室，让小户型住宅拥有更多收纳空间

提示 1

储藏室深度以 70 cm 为宜

储藏室不是杂物间，并不是越大越好。其大小以人不用走进去就能拿取物品为宜，因此深度不能太深，70 cm 左右最好。可采用层板放置物品，不常用的物品摆在上方或下方，经常使用的则放置在中间。

提示 2

物品分类放置，储藏室分层收纳

放进储藏室的物品要做好分类再收纳。利用可调节高度的活动层板设计，视物品尺寸调整高度，进行分层收纳。吸尘器等家电建议放在最下方，方便拿取使用。

将楼梯下方的空间分为 3 层，可以摆放较大型的杂物，备用物品也可以暂时摆放在这里

| 提示 3 |

畸零空间可作为储藏室的预留地

　　无须特意找一个空间专门做储藏室，只要将主要空间功能规划好，剩下的畸零空间就是绝佳的储藏室。储藏室最好用来收纳一般柜子放不下的大型日用品，小件物品用层板、挂钩收纳更方便，不然反而不好收纳。

| 提示 4 |

储藏柜兼具储藏室功能

　　想要有一个完整区域专门收纳日常用品，可从畸零处或过道处找空间打造储藏柜，再通过柜门设计让外观变得完整，这里便同样具备储藏室功能。

| 提示 5 |

开放式层板结合收纳盒进行收纳

　　家中用品大小不一，若储藏室本身是密封式，建议内部直接采用开放式层板，这样摆放物品的大小便可不受限制。较少使用的物件可先放在收纳盒内再置入层板上，既有防尘作用，又有利于减少柜体层格设计。

| 提示 6 |

楼梯畸零区域的立体收纳法

　　楼梯附近空间不规则，上方有楼梯结构，无法打造成完整空间，却是规划收纳大型日用品的好区域。除了定制传统的普通楼梯收纳柜，还可采用多面收纳柜的概念，用柜门、层板等打造立体收纳空间，可大幅提升使用效率。

16个精彩的储藏空间设计

弧形线条呼应猫洞设计

图片提供：木介空间设计

让出主卧室衣帽间的 1/3 空间供储藏室使用，集中收纳生活杂物与清洁家电

超实用 案例 01

格局重整，让住宅拥有独立储藏室

业主需求▶ 虽然居住成员只有夫妻俩，但还是想要有个空间能收纳各种生活杂物，维持空间整洁。

格局分析▶ 85.8 m² 的老房子翻新，将三间房改造为两间房，其中一间拆除，重新规划为主卧衣帽间和餐厅。

柜体规划▶ 将主卧衣帽间区域的 1/3 空间独立出来，打造为独立储藏室。将储藏室门所在的墙面打造为餐厅背景墙，圆弧对开门的形式淡化了其存在感。门上还打造了猫洞，可用作门把手。

收纳技巧▶ 储藏室面积约 2.31 m²，换季用品、用于打扫卫生的家电及猫咪饲料等都能收纳在此。

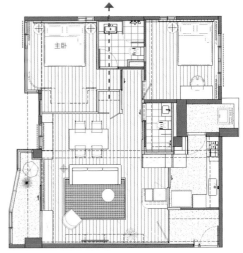

图片提供：木介空间设计

超好收

案例 02
**储藏室搭配货架，
收纳有序又灵活**

业主需求▶业主喜欢工业风且爱好户外活动，希望能有专门收纳户外用品的空间。

格局分析▶利用从玄关开始的横梁下空间打造整面收纳柜。

柜体规划▶在柜子里规划不同的收纳区域，并利用层板进行灵活调整，让鞋子、衣帽、球类、露营用品等都有自己的位置。

收纳技巧▶确认储藏室大小后，内部利用货架收纳，不仅井然有序，而且能根据需求随时调整。

储藏室内部搭配货架，方便整理杂物

图片提供：筑乐居

收更多

案例 03
畸零空间变储藏室

业主需求▶业主希望能有一间储藏室，用于摆放生活用品。

格局分析▶玄关与客厅之间，刚好有多出的空间可以利用。

柜体规划▶利用玄关与客厅之间的畸零空间打造了一个储藏柜。

收纳技巧▶柜门采用按压式设计，可以维持柜体表面平滑。

内部开放式设计，收纳物品一目了然

按压式柜门，维持柜门表面平滑

图片提供：禾光室内装修设计

图片提供：禾光室内装修设计

超实用

案例 04
楼梯下打造收纳空间，提升空间利用效率

业主需求▶有大量储物收纳需求，但不想整间屋子里都是柜子。

格局分析▶房屋高度 4.2 m，室内面积包含夹层只有 49.5 m^2。

柜体规划▶将电视墙与楼梯结合以划分空间区域，底座内使用金属固定结构，再用 H 型钢与白色扶手相衔接，让楼梯底座支撑力足够用于扩展收纳空间。

收纳技巧▶深 50 cm 的底座采用开放式设计，可收纳影音设备，侧面抽屉则可以用来收纳杂物。

抽屉可分类收纳各式生活用品

超美观

案例 05
用电路图装饰储藏室门和墙面

蓝白彩绘可让柜门隐形

业主需求▶需要有空间来放置球类、手套、帽子等运动相关用品。

格局分析▶空间原为客厅的三角阳台，改造后客厅改为儿童房，这里则规划为小储藏室。

柜体规划▶在墙面与储藏室柜门处，用蓝底白色线条绘制电路图概念装饰图案，让柜门隐形，强化整体视觉效果。

收纳技巧▶利用固定层板摆放行李箱、球类、手套，并利用窗户与墙之间的局部空间吊挂帽子。

案例 06

整合多元收纳，组成一道视觉背景墙

业主需求▶业主有骑车习惯，希望将家中书籍、自行车、配件等物品妥善收纳。

格局分析▶单面采光的小户型住宅，收纳空间有限。

柜体规划▶将自行车悬挂在柜体上方，柜门则采用灰色金属网状板打造。柜体内物品若隐若现，减轻了柜体带来的压迫感。

收纳技巧▶多层次储物空间方便业主统一收纳、整理物品，其灰色烤漆立面则成为居室的特色。

网状板可减轻柜体压迫感

图片提供©甘纳空间设计

照片提供©甘纳

中段镂空处收纳露营用具，兼作展示

案例 07
连续式柜体可收纳大量露营用具

业主需求▶业主认为，露营能让孩子接触自然，并让全家人享受珍贵的亲子时光，因此家中有非常多的露营装备，需要好收好放的位置妥善收纳。

格局分析▶墙面从玄关延伸至餐厅、客厅直至阳台，除了中间有根横梁，整体格局相当方正。将储物柜集中打造在这条笔直的通道上，收纳整理动线更为流畅。

柜体规划▶柜体采用钢刷木皮加特殊外漆，营造森林般的自然气息。电视墙背板则以有轻微科技感的不锈钢美耐板搭配金属层架，让材质间形成对比的趣味。

收纳技巧▶连续式柜体和隐藏式门把手能在视觉上放大空间。柜体中段采用镂空设计，将不易收纳的露营用大型车顶箱挂在墙上。

案例 08

不锈钢面板下暗藏收纳格

业主需求▶业主希望家中具备充足的收纳空间，能随心所欲地布置、替换众多展示精品。

格局分析▶希望拥有大面积的落地窗，在开放式公共空间内，能将收纳功能自然地融入设计中，降低柜体的存在感。

柜体规划▶将不锈钢材质贴覆在木质柜门表面，大大小小的柜门自然错落地不规则排布，在光线照射下，为灰色调的家居环境增添了工业风的质感。

收纳技巧▶柜体深度约为 30 cm，主要收纳工具箱、备用品等小物。柜门采用按压式设计，让整体画面更简洁。

图片提供：尚艺设计

柜体深度约为 30 cm，可收纳工具箱等小物

图片提供：尚艺设计

图片提供：尚艺设计

超好收

案例 09
实木墙柜弱化了柜体存在感

预留拼接缝，让柜体
隐形化

业主需求▶业主需要存放各种旅行纪念品，同时希望各种杂物好拿取、好收放。

格局分析▶不希望大气、静谧的灰色调客餐厅区域因大型收纳柜的分割而显得杂乱。

柜体规划▶空间中大面积运用松木材质，客厅侧面板材中预留了拼接缝，后面暗藏柜体，成功兼顾空间画面美观度与收纳便利性。刚与柔、粗犷与现代形成有趣的对比。

收纳技巧▶位于客厅电视墙侧面的隐藏收纳柜，可放置中大型杂物，收纳十分便利。

图片提供：尚艺设计

案例 10
转角收纳柜收纳露营用品

业主需求▶业主为露营爱好者，拥有完整的露营设备，需要方便、频繁收取露营设备的收纳空间。

格局分析▶开放式客餐厨空间，需要兼顾轻食制作与烹饪家常菜的功能，以及收纳等日常生活需求。

柜体规划▶对称实木板拉门和白色拉门不仅契合户外露营氛围，而且暗藏了收纳空间，并能隔绝油烟。

收纳技巧▶左侧为可分别移动的三道拉门，大大小小的层格可供收纳帐篷、折叠桌椅、露营灯等物品，整合在一起，更加方便打包、归位。

图片提供：尚艺设计

三道拉门内可集中收纳露营用品

图片提供：尚艺设计

多功能

案例 11
多功能空间可用作书房、客房和储藏室

业主需求▶新婚夫妻需要有书房，且期望同一空间能兼容多功能设计。

格局分析▶书房的右侧是厨房，若将厨房拉门关起来，书房就是个很大的空间。

柜体规划▶在 4.95 m² 的多功能空间中，将地面抬高 40 cm，下方做榻榻米设计，打造抽屉用于收纳。柜门则使用洞洞板，增加立面收纳空间。

收纳技巧▶抬高的多功能空间只需铺上床垫，便可作为客房使用。在空间中打造封闭式书柜，洞洞板柜门也可以机动性地成为展示墙。

洞洞板既是柜门，又可用作展示墙

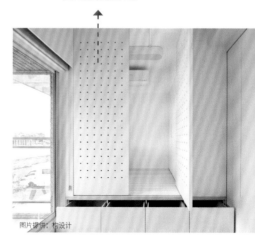

图片提供：构设计

图片提供：构设计

案例 12

储藏室可收纳各式物品

内部搭配活动层架，可摆放大型电器

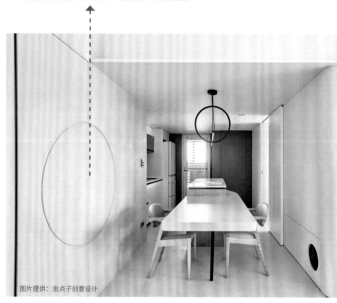

业主需求▶一家四口人，在 56.1 m² 的住宅内需要三间卧室，且希望在餐厅打造大中岛，并有收纳空间。

格局分析▶入口处左边是厨房和餐厅，正前方是客厅，利用入口处空间打造了收纳柜、储藏室。

柜体规划▶由于空间较小，又要隔出三间卧室，因此将收纳空间打造在墙面上。两侧除了收纳柜，还有一个 3.3 m² 的储藏室。

收纳技巧▶入口处的收纳柜能收纳较小的物品，储藏室则可以添置活动层架，灵活摆放行李箱、大型电器等物品。

图片提供：虫点子创意设计

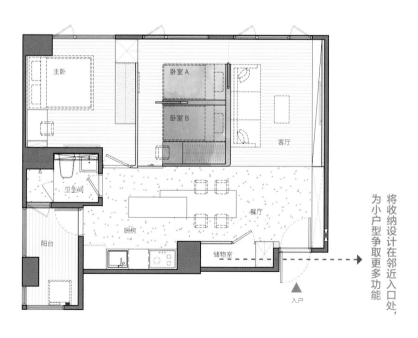

将收纳设计在邻近入口处，为小户型争取更多功能

案例 13

善用下凹空间，打造多功能榻榻米

业主需求▶业主是一对退休夫妻，住在 49.5 m² 的小户型住宅中，希望有空间可以留宿不时来探望的亲友。

格局分析▶小户型是长条形格局，中间的客厅为原有的下凹空间，右侧为厨房，左侧为卧室。

柜体规划▶保留客厅原有的下凹空间，运用高度差设计成榻榻米，并在榻榻米内嵌沙发及收纳抽屉，影音设备、杂物收纳则整合在窗边层格中。

收纳技巧▶为了方便拿取物品，榻榻米内嵌的沙发下方采用抽屉的设计形式。窗边四周的收纳层格也根据使用习惯，设计了上掀式、左掀式和右掀式柜门。

图片提供：虫点子创意设计

地板下有丰富的储物空间

超实用

案例 14

柜体交叠，集中收纳功能

业主需求▶业主想要有独立的储藏室收纳家电、生活杂物等。

格局分析▶入门即见窗，需要设置隔屏遮挡。

柜体规划▶为保持客餐厅空间的完整性，将不同方向的柜体交叠，整合多重收纳功能。柜体立面选用涂装木皮板，打造弧形转角，增添柔和感。

收纳技巧▶柜门后为储藏空间，内部可根据业主喜好添置活动层架。右侧格栅抽屉可收纳影音设备，上面的玻璃层板有助于采光。

图片提供：木介空间设计

涂装木皮和转角处理
增添温润感

储藏室侧面整合电视柜，后方则
有鞋柜，将收纳功能集中规划

案例 15
客厅整合电器展示、收纳功能

图片提供：虫点子创意设计

业主需求▶在 39.6 m² 的小空间内，需打造出大人和孩子的两间卧室，以及足够的收纳空间。

格局分析▶入门后是狭长的客厅，客厅后方是厨房、主卧及有夹层空间的次卧。

柜体规划▶由于空间仅有 39.6 m²，要容下两间卧室和客厅、厨房，需将收纳功能集中设置于墙面两侧，才能打造出足够的收纳空间。

收纳技巧▶客厅的沙发、榻榻米下方都设计了抽屉和上掀式收纳柜，左侧的柜体兼有封闭式、开放式设计，转角处是可以抽拉的电器柜。

抽屉搭配上掀式收纳柜，
提供超大储物量

案例 16
储藏室同时也是孩子的 "游戏基地"

储藏室规划为 150 cm 高，
上方是孩子的游戏区

图片提供：SOAR Design 合风苍飞设计 + 张育睿建筑师事务所

业主需求▶一家人不会每天都看电视，只有假日才会使用投影屏幕。

格局分析▶属于一般公寓式住宅，公共空间有一处凹槽空间，深度约 90 cm，宽度达 3 m，过去多数设计都是将其规划为电视墙。

柜体规划▶根据业主的生活习惯，将此凹槽空间规划为储藏室，高度设置为 150 cm 左右，符合人体工程学，让业主可以舒适、便利地使用。

收纳技巧▶储藏室内部是一个相通的大空间，可用层架提供收纳功能。顶部左右两侧为半弧形，上方空间如同洞穴般，搭配梯子，可作为小朋友的 "游戏基地"。从上往下俯瞰，与父母的互动变得更有趣。